设计的教科书

材料与设计

TEXTBOOK FOR MATERIALS AND DESIGN

[日]Nikkei Design 编

徐凌霞　徐玉珊 译

U0302354

中国建筑工业出版社

前言

做东西和做菜是一个道理。要想做出美味的菜肴，就要先从选材开始斟酌，同样，若想开发出优秀的商品，选择符合商品特性的材料和适当的加工方式，就变得尤为重要。

但是，在开发商品的时候，设计师和商品策划者、开发者们，总是倾向于优先制定商品的外观和概念，却轻视了材料的选择和其加工工艺。当然好的想法和设计固然重要，可是最终要用何种材料与技术来加工制作也同样关键。因为它在很大程度上影响着商品的完成度和品质感，甚至还关系到消费者的满意度。

另外，对材料使用方法的创新，还可以给人们带来前所未有的感触，新的生活方式也因此而生。材料的质地、使用时的感觉，为了推敲这些可以刺激人们感官的品质，就必须掌握材料相关的知识和其加工技术。

本书对树脂、金属、木、纸、布·皮革、陶瓷、环保材料、先进材料等进行了介绍，并围绕目前产品制造中使用的各种材料，从其基础知识到使用方法进行了一系列总结。另外还介绍了从大型企业到小型地方产业恰当利用材料制作产品的实例，本书希望通过介绍这些实例，读者可以学习到如何选择材料、运用材料。

此外，本书还记录了在将来的产品制造领域中，具有发展前景的先进材料及技术。同时也可能从材料角度给您带来设计的灵感。

生活杂物、家具、家电、汽车甚至是产品外包装，几乎所有产品制作的重要知识都集于此书，工作的时候把它放在手边，需要的时候拿来参考一下，希望能对您有所帮助。

目录

第2章　金属 篇 ··· 067

材料与设计

本书对杂志《Nikkei Design》2002年至2011年刊载的记事进行了再编辑。虽已尽可能对资料进行最新现状的更新，但毕竟仍仅为杂志刊登时的信息，若有不足还望见谅。

第 1 章

树脂篇

塑料的基础知识

品牌案例中的树脂活用法

拓展造物可能性的材料·技术研究

树脂活用法的成功设计案例

塑料的基础知识—1／树脂的种类

树脂根据其特性被分成很多种类。
在进行设计时，需要先了解这些特性再加以运用。

在我们生活的方方面面，存在近100种塑料，其中最主要的有：聚乙烯（PE）、聚丙烯（PP）、聚氯乙烯（PVC）、聚苯乙烯（PS）、ABS树脂、聚对苯二甲酸乙二醇酯（PET）等。

另外，还有针对特殊用途而进行机能强化的工程塑料。在工程塑料当中，经常被用作制品材料的有：聚碳酸酯（PC）、聚甲醛（POM）和聚酰胺（PA）。

在设计树脂制品时，必须先掌握其特性，恰当选择材料。

各种树脂材料的特性

例如聚乙烯，原料价格低廉且易成型。广泛被用于制作塑料袋、保鲜膜、塑料水桶等日常用品。聚乙烯

虽然不耐高温，但是耐低温能力强，即使在-20℃的低温环境下也不会变脆。只是它的黏着性差，在进行涂饰或印刷时需要特别注意。

聚丙烯比聚乙烯还要轻，且耐热能力强。表面光泽度好，易于被加工成鲜艳的颜色。因为这种材料即使反复扭曲折叠都不会断裂，所以经常被用于制作盒盖一体的容器。

聚氯乙烯可利用添加剂来灵活掌控其软硬度。并且价格低廉，具有高透明度，方便着色和印刷。

聚苯乙烯经常被用于制作像CD盒一类的塑料模型。和聚氯乙烯相似，其本身为透明状，所以方便着色，能够加工出色调很好的制品，但是聚苯乙烯耐热性差，且易碎。

而ABS树脂则很好地弥补了聚苯乙烯易碎的这一缺点。它的熔融效果优良，表面光泽良好，利用这种材料能够很好地表现出商品的设计性。此外，ABS树脂还具有印刷精度高、化学镀膜的附着性强等特点。

聚对苯二甲酸乙二醇酯除了经常用于制作塑料瓶外，还可以加工成纤维状，并且能够回收再利用。

高性能工程塑料

聚碳酸酯作为高强度透明材料的首选，经常被用于制作塑料椅、CD光盘等树脂制品，并且还具有耐光性强的特点。

在工程塑料中比较常用的是聚酰胺和聚甲醛。聚酰胺俗称尼龙，作为纤维的一种被广泛熟知，因其良好的延展性和高强度等特性，也被用于制作各种机械零件。而聚甲醛则是能够承受反复伸缩的重荷，具有极高的耐磨损性和强韧的弹性。

在上述的这些材料中，受热可软化的称为热可塑性塑料，反之受热硬化的则称为热硬化塑料。在制品时应选择何种材料可以通过参照下表的材料特性进行比较。

常用塑料的特点及用途

树脂名			特点	主要用途
热可塑性树脂	聚乙烯	低密度聚乙烯	比水轻，可灵活变形且在低温下不易变脆。耐热性差，有很好的耐药品性和绝缘性。	包装用材料（袋、保鲜膜、食品容器）、农业用薄膜
		高密度聚乙烯	白色不透明状，比低密度聚乙烯韧性强。有良好的耐药品性和绝缘性。	包装用材料（塑封膜、袋）、生活用品（水桶、洗面台等）、煤油罐、各种容器、管状物
		EVA树脂	透明状，可灵活变形，有良好的弹性，耐低温，易黏合。	建筑及土木工程用塑料罩、凉鞋、农业用薄膜
	聚丙烯		比重最小（0.90）。与聚乙烯相似，但耐热性更好，有光泽。	浴室用制品、食品保存盒、捆扎绳、网状框、各种容器、食用容器、汽车零件
	苯乙烯树脂 聚苯乙烯	一般用聚苯乙烯	透明度高，易着色。容易产生划痕。有良好的绝缘性。溶于汽油和稀释剂。	OA器外罩、电视外罩、CD盘盒、食品容器
		泡沫聚苯乙烯	有轻微韧性。有良好的绝热保温性。荣誉汽油和稀释剂。	捆包材料、鱼箱、食品用托盘、榻榻米内芯
	AS树脂		与聚苯乙烯树脂相似，透明状并具有良好的耐热性和耐冲击性。	餐桌用品、一次性打火机、电器（电扇扇叶、搅拌器）
	ABS树脂		多为不透明状，有良好的光泽、外观、耐冲击性	旅行箱、家具部件、电脑外壳、汽车部件
	聚氯乙烯		不易燃。不透水、气。软质硬质兼具。比水重（比重1.4）。表面光泽度好，印刷精度高。	水道管、农业用薄膜、保鲜膜、波形挡板、胶皮管、塑钢窗框等建筑用材
	聚偏氯乙烯		无色透明、有良好的耐药性和气体阻隔性。	保鲜膜、火腿和香肠的塑封包装、人工草坪
	甲基丙烯酸树脂		无色透明有光泽。可溶于汽油和稀释液。	汽车车灯罩、餐具、挡风玻璃、照明板、水槽、隐形眼镜
	聚酰胺		乳白色、具有耐磨耗性、耐冲击性、耐寒性	滑轮、拉链、齿轮、速食包装、汽车部件
	聚碳酸酯		无色透明、抗酸性强、抗碱性弱。有良好的耐冲击性和耐热性。	餐具、饭盒、奶瓶、汽车部件、光盘、CD、吹风机、建筑材料
	聚甲醛		白色不透明、有良好的耐磨性和耐冲击性	拉链、汽车部件、别针、齿轮
	聚对苯二甲酸乙酯		无色透明、强韧且具有良好的耐药品性。	饮料瓶、拍摄胶卷、磁带、录像胶片、鸡蛋包装盒、沙拉碗
热硬化性树脂	酚醛树脂		有良好的电绝缘性、耐酸性、耐热性、耐水性。不易燃。	印刷线路基板、熨斗手柄、电闸、锅罐等器具的手柄、胶合板黏着剂
	三聚氰胺甲醛树脂		耐水性强、表面坚硬、质地似陶器。	餐具、化妆板、室内化妆板、胶合板黏着剂、涂料
	尿素树脂		与三聚氰胺甲醛树脂相似，且价格低廉且不易燃。	按钮、瓶盖、电器（线路板）、胶合板黏着剂
	不饱和聚酯树脂		有良好的电绝缘性、耐热性、耐药品性。玻璃纤维增强后强度高。	浴缸、波形挡板、冷却塔、渔船、按钮、头盔、鱼竿、涂料、净化槽
	环氧树脂		有良好的物理特性、化学特性、电学性能等。	电器（IC封装材料、印刷线路基板）、汽车（罐式车）、涂料、黏合剂
	聚氨酯		软质硬质兼具。软质类似海绵。	汽车部件（座椅软垫部分）、靠垫、床垫、隔热材料

出处：日本塑料工业联盟"你好！塑料"。同样的树脂根据其质量档次和生产商的不同，材料的特性也会有所差别。本表仅供参考。

*1：表中所记"良好"表示常规样品未产生问题。

*2：比重为与同体积基准物（4℃水）的质量比。比重小于1则浮于水面，比重大于1则沉入水底。

抗酸性[*1]	抗碱性	抗酒精性	抗食用油性	耐热温度	比重[*2]	略称[*3]
良好	良好	良好	良好	70 ~ 90	0.92	PE
良好	良好	良好	良好	90 ~ 110	0.96	PE
轻度侵蚀	轻度侵蚀	良好	良好	70 ~ 90	0.93 ~ 0.96	EVAC
良好	良好	良好	良好	100 ~ 140	0.9	PP
良好	良好	长时间存放含酒精的物品会导致其变味	会被柑橘类所含有的油萜等所侵蚀	70 ~ 90	1.04	PS
良好	良好	长时间存放含酒精的物品会导致其变味	会被柑橘类所含有的油萜等所侵蚀	70 ~ 90	0.98 ~ 1.1	PS
良好	良好	反复使用后会变不透明	良好	80 ~ 100	1.07 ~ 1.10	SAN
良好	良好	长时间接触酒精会导致膨胀	良好	70 ~ 100	1.1 ~ 1.2	ABS
良好	良好	良好	良好	60~80（保鲜膜的情况为130）	1.23 ~ 1.45	PVC
良好	良好	良好	良好	130 ~ 150	1.69	PVDC
良好	良好	会产生少量异味	良好	70 ~ 90	1.19	PMMA
轻度侵蚀	良好	渗透酒精	良好	80 ~ 140	1.14	PA
良好	会被洗涤剂等溶剂侵蚀	良好	良好	120 ~ 130	1.2	PC
侵蚀	良好	良好	良好	120	1.41 ~ 1.43	POM
良好	轻度反应	良好	良好	60 ~ 150	1.4 ~ 1.6	PET
良好	良好	良好	良好	150	1.32 ~ 1.65	PF
良好	良好	良好	良好	110 ~ 120	1.5	MF
不变或仅有轻度反应	轻度反应	良好	良好	90	1.45	UF
良好	良好	良好	良好	150	1.2	UP
良好	良好	良好	良好	130	1.8	EP
轻度侵蚀	轻度侵蚀	良好	良好	90 ~ 130	1.2	PUR

*3：略称为在模具上表示素材是所使用的名称。也用略称来表示名称较长的树脂。

材料与设计

塑料的基础知识—2／成型方法

理解注射成型、挤压成型等多种成型方法。

塑料的成型方法有很多种，要根据制品的外观、强度、尺寸、树脂材料、交货期限、预算等众多情况，选择最适合的成型法。

下面就来介绍一些主要的成型法。

●注射（注塑）成型法（Injection）

所谓注射成型法，就是用类似注射器的机械把塑料注入模具中使其成型。由于从投放原料到成型出品都可自动化完成，被广泛应用。

这种成型法适合大量生产，且不受尺寸限制，能够以很高的精度来制作形状复杂的制品。但是，注射器与模具费用较高，且需要设计上的专门知识。

●挤压成型（Extrusion）

挤压成型，就是把加热软化后的塑料从具有断面形状的金属管中挤出的成型方法。根据金属管断面的不同，可以制作出薄膜、棒、管、板等形状，生产性高且成本低。

●真空成型

利用真空成型，可以制作鸡蛋包装盒、蔬菜包装袋等薄片状塑料。先把塑料片材加热软化，使其真空吸附在成型模具表面，制作成型。

真空成型成本低，且不受生产数量限制，但是不适合精度高形状复杂的制品。

●中空成型（Blow）

中空成型法就是把塑料在模具中软化，鼓入空气，使其膨胀成型的制作方法。这种方法生产效率高，可制作饮料瓶、洗浴用品容器和煤油瓶等。

塑料及其相应成型法

树脂名		注射成形	挤压成形	中空成形	真空成形	压缩成形	研光成形	发泡成形	RIM*1成形	积层成形	浇铸成形	旋转成形	浸渍成形
热可塑性树脂	聚乙烯	◎	◎	◎	○		◎	◎				○	
	EVA树脂	○	○	○									
	聚丙烯	◎	◎	○	○		◎	◎				○	
	聚苯乙烯	◎	◎	○	○	○	○	◎					
	AS树脂	◎	○										
	ABS树脂	◎	◎	○			○						
	聚氯乙烯	◎	◎	○	◎	◎	◎	◎				○	○
	聚偏氯乙烯	◎	○	○									
	甲基丙烯酸树脂	○	○		○	○		○			◎		
	MS树脂	◎				○							
	聚酰胺（尼龙）	◎	○									◎	
	聚碳酸酯	◎	◎	○	○	○		○				◎	
	聚甲醛	◎	○	○									
	聚对苯二甲酸乙酯	◎	○			○							
热硬化性树脂	酚醛树脂	◎	○			◎		◎		○			
	三聚氰胺甲醛树脂					◎				○	○		
	尿素树脂					◎				○	○		
	不饱和聚酯树脂	○				◎			○	◎	○		
	环氧树脂	○				◎				○	◎		
	聚氨酯		○			○		◎	◎		◎		

*1: RIM=反应注射成型

●压缩成型

　　此种方法主要使用热硬化树脂来制作成型。在加热后的阴模中注入计量好的成型材料，利用压缩成型机使之成型。成型品取出后需要把多余边角料修掉。压缩成型与注射成型相比，制作所需要的设备少，但效率低。一般用于制作电器部件、食品餐具、家具、浴缸等制品。

ABS树脂 / EPSON "Colorio" 系列

利用树脂表现钢琴黑质感—1

在正确的选择与使用下，
未经上漆与研磨的树脂也可表现出光泽的质感。

图片为EPSON打印机
"Colorio" 系列，左上
为"EP-301"，右上为
"PX-201"，左下为"EP-
901A"。通过对树脂的处理，
不仅可以表现出镜面效果，
还可以加工成像左上的打
印机一样，具有等间隔圆斑
点的表面。

钢琴黑这种具有镜面光泽的黑色，可以起到调和室内环境的效果。广泛用于平板电视、电脑、打印机等制品中，是我们日常的家居中随处可见的颜色。

在以前，想要表现钢琴黑的质感，需要手工艺人花上大量的时间通过复杂的工序才能完成。要经过反复的上漆、打磨，才能得到优质的光泽。

但是，随着技术发展至今，制作钢琴黑已并非难事。许多厂家利用高效率的树脂加工技术，无需上漆就可加工出具有钢琴黑质感的制品。

实现低成本

EPSON就是利用这种树脂加工技术的公司之一。在2007年发售的家庭用打印机"COLORIO"系列中，其中一部分的产品首次采用了钢琴黑的颜色。

其实，EPSON公司的设计开发组花费了长达两年的时间，才研究出能够表现这种钢琴黑的加工技术，并以此项目为开端，摸索出了更低成本的加工方法。

这种集各种精密技术为一体的打印机，当时价格仅在1万日元到2万日元左右。为了能达到这样低廉的价格，从每个零件起就要开始考虑成本问题。并且，黑色的镜面如果出现一丁点凹凸不平，就会对外观造成很大的影响，因此也是最复杂的表面加工方式之一，于是怎样实现低成本便成为难题。

当然，上漆后再打磨的这种既费时间又费成本的方法肯定是不可取的。开发组经过一番调查后发现，在平板电视的外框加工等技术中，有一种叫作RHCM（高速高温成型技术，参照20页）的成型技术。其镜面加工性强，生产效率高，实现了不用上漆也能让树脂具有钢琴黑表面的效果。

不过，为了采用这种新技术，就必须导入新设备。这种设备一台大约3000万日元。投入生产的话则需要20～30台。仅仅是为了外观就投资近10亿日元必然是不可能的。于是，便出现了下页所介绍的加工法。

ABS树脂 / EPSON "Colorio" 系列
利用树脂表现钢琴黑质感—2

实现钢琴黑的5个注意点

❶ 加热金属 让树脂处于60℃以上的环境中，使其不会迅速凝固

❷ 选定材料 在10种材料中进行筛选，决定出光泽感和成型性最协调的材料。注意即使是同样的ABS树脂，不同厂家的质量也各有差异

聚丙烯	价格低，但与ABS树脂相比，很难得到光滑的镜面效果，熔融状态差，成品品质略低
ABS树脂（三星制）	光泽感最佳，但是与TORAY的ABS树脂相比，易产生缩痕，很难得到大面积光滑平整的表面
ABS树脂（TORAY制）	虽然光泽感比三星制的ABS树脂略差，但成型性高，能够得到整体光滑的表面，被选为此次制作打印机的材料

❸ 让树脂顺畅流入

模具的树脂注入口称为"浇口"，在浇口附近要减少筋骨结构的数量，避免减缓树脂流入的速度。

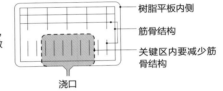

- 树脂平板内侧
- 筋骨结构
- 关键区内要减少筋骨结构
- 浇口

❹ 让树脂均匀流入

如果浇口狭窄，树脂液就很难扩散，导致浇口两端的树脂容易产生皱纹。为了防止这样的现象，要把浇口做成扇形。

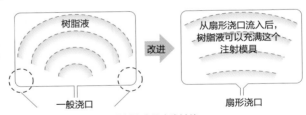

树脂液

改进 → 从扇形浇口流入后，树脂液可以充满这个注射模具

一般浇口

扇形浇口

这种狭窄的浇口两侧，角落里的树脂容易产生皱纹

❺ 避免树脂的紊流

在有筋骨结构的情况下，树脂液容易产生紊流，成型品易产生形变。所以需调整成型品表面部分的厚度，使其远大于筋骨结构的厚度。

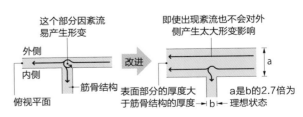

这个部分因紊流易产生形变

外侧

内侧

筋骨结构

俯视平面

改进 → 即使出现紊流也不会对外侧产生太大形变影响

表面部分的厚度大于筋骨结构的厚度

a是b的2.7倍为理想状态

利用普通的树脂注射成型技术和设备，能否实现钢琴黑的效果呢？EPSON公司围绕这一问题经过多次尝试，终于研究出一种钢琴黑的成型技术。并且现在正在申请专利中。根据公开的技术专利资料和本书的取材结果，总结出以下五点：

第一，在把金属模具加热到60℃以上的情况下，注入的树脂不易凝固（参照18页❶）。第二，选择材料的方法（❷）。虽然聚苯乙烯作为外观材料沿用至今，但是它并不适合进行镜面加工。于是开发组从10种材料中选定了TORAY公司所制的"250"级ABS树脂。这种材料的价格比普通的外观材料高出20%～30%，但因为节省了上漆的工序，整体的成本是有所下降的。

缓慢流畅地注入树脂

当实施注射加工时，为了得到良好的光泽，还进行了几处细致的改进。总的来说，就是要让树脂尽可能缓慢顺畅地流入模具中。

为了获得适合打印机外壳的尺寸和强度，需要在内侧制作增强用的筋骨结构。但是若要连同这种结构一起制作，就会发生树脂流动迟缓，筋骨结构无法完好成型的问题，从而导致树脂凝固后产生形变。

为了弥补这一缺陷，首先要把模具的浇口形状加以改良（❹）；接下来，为了不让树脂流动变缓，要特别注意浇口附近的筋骨结构的位置（❸）；然后计算出成型品表面的厚度与内侧筋骨厚度的比例关系，使树脂即使凝固也不会产生形变（❺）。经过这些步骤便实现了低成本的钢琴黑加工技术。

EPSON公司在这一技术的基础上，还研发了其他新型的表面处理方法。其中一项是在镜面上加工出直径0.5mm、高20μm的极小凸起。这样的表面既能保留具有光泽度的镜面效果，又可以避免指纹残留和划伤。并且这样的表面处理方法与钢琴黑的技术相同，只进行注射加工而不用上漆打磨。以钢琴黑为开端的树脂加工研究让打印机的外观肌理有了更多可能性。

品牌案例中的树脂活用法

高速高温成型技术 / 小野产业

极致的无上漆钢琴黑

用于平板电视的边框和游戏机外壳的加工法。
结合其他技术效果更出众。

　　无需上漆就能实现钢琴黑的另一个代表性技术为高速高温成型技术（以下简称RHCM）。平板电视的边框、电脑、空调的前罩板等，许多商品都在使用这一项可谓是最典型的树脂镜面加工技术。制作树脂产品及其模具的小野产业独自开发出了这种技术。

　　利用这项技术，让注射成型的模具急速升温或冷却，树脂便可以在模具中顺畅流通且可以很快凝固。增强模具中的树脂流动性，可以使其更易加工成钢琴黑镜面，另外若在模具表面进行纹理处理，则可清晰地翻印在成型品的表面上。

　　RHCM配合其他加工技术可以产生更出众的效果。其一则是与微孔发泡注塑成型技术相结合。在这项技术

中，把超临界流体状态的二氧化碳和氮混入树脂，生产出具有极微小气泡的成型品。这项技术不仅使产品轻量化，成型品的形状也很少收缩，能够制作出高精度的表面。仅利用微孔发

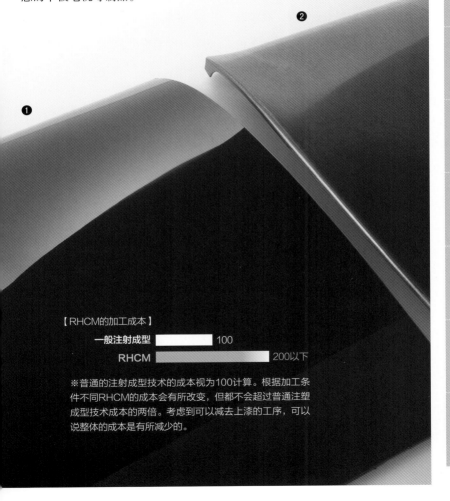

泡注塑成型技术的话，成型品一般会出现如图❷所示的气泡。而与RHCM技术结合后所出的制品，便能得到如图❶所示的完美镜面。即使在内侧设有提高强度的突起等结构，也完全不会影响到表面的镜面效果。

　　小野产业追求制作具有高级质感的平板电视等制品。

【RHCM的加工成本】

| 一般注射成型 | 100 |
| RHCM | 200以下 |

※普通的注射成型技术的成本视为100计算。根据加工条件不同RHCM的成本会有所改变，但都不会超过普通注塑成型技术成本的两倍。考虑到可以减去上漆的工序，可以说整体的成本是有所减少的。

聚碳酸酯 ／ "±0"加湿器
无接缝上漆处理

树脂成型时，为了避免模具线的产生，
需要用到类似于汽车生产时的上漆技术。

产品设计师深泽直人的设计作品"±0（正负零）加湿器"被广为熟知，为了做出像水滴一样具有光泽的外形，上漆工艺费了不少苦心。其材料选择了具有高耐热性和耐冲击性的聚碳酸酯。加湿器外表看起来像是一体成型，但是因为要在内部设置水缸，需要分别制作出上部和下部，最后再合并起来。为了消除连接缝的痕迹，制作时花费了大量的劳力和时间。

多次尝试后开发出的上漆技术

"±0"加湿器的上漆工序中，除了单纯上漆之外，还运用到了钣金技术。这种技术也应用于汽车及摩托车的划伤、凹陷等修补中。KADOWAKI COLOR WORKS这一涂装公司实现了此加湿器的上漆加工，该公司具有业界首屈一指的涂装量产技术。

制品时，要先在中国的工厂制出上部、下部和分割板这三部分，然后用超声波进行焊接。接着运回日本，由KADOWAKI COLOR WORKS接手。该公司先用专为加湿器开发的砂带抛光机进行粗磨，使接缝处变平滑。然后利用机械抹上油灰，并一边用手擦拭一边确认油灰的效果。之后再次利用专用的砂带抛光机，把油灰产生的交界线进行抛光美化使表面成为整体。

为了能更好体现上漆的效果，要进行清洗脱脂。脱脂前要对成型时所使用的离型剂的成分进行分析（脱模时使用的油性剂），从而开发出不伤害原本表面的清洗剂。清洗后再对表面加以火焰处理。

上底色后进行低温干燥，减轻油灰痕迹。之后上表色，表色选用了

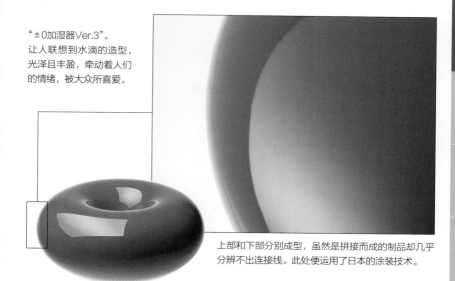

"±0加湿器Ver.3"。
让人联想到水滴的造型，
光泽且丰盈，牵动着人们
的情绪，被大众所喜爱。

上部和下部分别成型，虽然是拼接而成的制品却几乎
分辨不出连接线。此处便运用了日本的涂装技术。

能表现陶器效果的耐蒸汽高温涂料。
而且还开发了涂料的特慢干型稀释
剂，能够让表面展现更佳的效果。

　　最后利用高级汽车外壳的加工
方法进行抛光。为了得到高光泽度的
镜面，采用了不易留划痕的化合物和
皮革进行打磨。

　　从尝试作品开发到第一批样品
出产，都是在日本进行的涂装。而之
后的第二批样品则委托给中国工厂。
在传达制作方法上着实费了不少苦
心，主要原因之一是中国的工厂无法

理解涂装的专门用语，二是因为其缺
少高光泽度镜面加工的经验。

　　一般的家电厂家，不会把涂装
这一步进行得如此彻底。但设计师深
泽直人则说，留有接缝痕迹的加湿
器不能成为商品，这也是他对"±0"
加湿器产品的理念要求。贯彻"制作
具有魅力的产品"这一思想，如果不
超越一般家电厂家，就没有打入家电
市场的意义。生产"不像家电的家
电"，让世间震惊，才正是"±0"系
列的立足之本。

硅酮 / 良品计划"无印良品"之锅

手柄部分的材料从酚醛树脂改为硅酮

同样是高耐热性的材料，硅酮的手感更柔和。

对材料的细心考虑可以突显品牌优势。

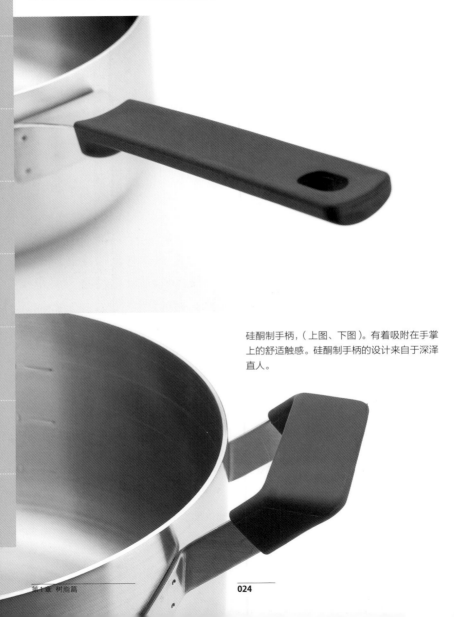

硅酮制手柄，（上图、下图）。有着吸附在手掌上的舒适触感。硅酮制手柄的设计来自于深泽直人。

从左至右，玻璃锅盖、不锈钢/铝制三层双手柄锅、不锈钢雪平锅、不锈钢/铝制三层单手柄锅。玻璃锅盖的抓手也为硅酮制，不易滑。抓手的顶面水平，倒置放时会很稳定，而不锈钢手柄的设计则出自Jasper Morrison之手。

一般人的印象中，锅的手柄大多是硬质的塑料。当手伸向手柄时，人们会无意识地想象出又凉又硬的触感。为了突破这一典型印象，无印良品在2005年10月推出的良品计划中，发售了一款不锈钢/铝制三层单手柄锅。此锅的手柄有着意想不到的触感，柔和且适手。

无印良品的产品至今都是采用具有高耐热性和不易燃性的酚醛树脂。但是重新考虑了手柄的柔软度和摩擦度后，改选用硅酮材料，并着重设计了把手的形状。分析使用手柄的情况时，与其说是用手握住手柄，不如解释成，锅的手柄放置在手掌上，大拇指从上方放下来把手柄留在手掌中。于是，为了配合这一行为，加大了手柄的宽度，并使其稍显圆弧。当身高约为160cm的女性，在拿起放在灶台上的锅时，为了使手臂的折叠角度大约为90°，对锅的手柄角度也进行了一番调整。对手柄的设计在增强便利性的同时，其实也提高了产品的品质与舒适度。

虽然只是对手柄的材料和形状进行了小小的改进，但是却让消费者获得了不小的喜悦。很多消费者都体会到手柄所带来的舒适与方便。像这样从细节出发一点一点进行改良的企业，也会给人带来信赖感吧。

材料与设计

[树脂篇]

双色成型 / 苹果"iPod shuffle"

让产品浑然一体，没有接缝与拔模锥度的加工法

苹果公司为了让shuffle的形状就像切好的豆腐一样，
呈现出白色且纯净的正方形，对模具进行了特殊处理。

脱离常识的形状
iPod shuffle的截面图。树脂外壳非常薄，里侧也没有
拔模锥度。

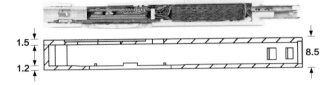

1.5
1.2
8.5

一般的模具是这样的形状……
如下方截面图所示，利用阴模和阳模构成的注射成型的模具，拔模锥度是不可避
免的。

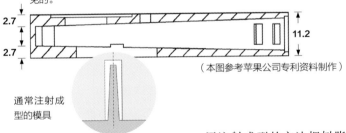

2.7
2.7
11.2

（本图参考苹果公司专利资料制作）

通常注射成
型的模具

美国苹果公司早前发售的
iPod shuffle，表面没有
接缝线，并且所有的角都
为直角，体现了苹果公司
追求极简的风格。

用注射成型的方法把树脂加工
成锋利的直角面立方体是非常困难的
事情。因为一般的成型品为了能从模
具中脱离出来，是需要微微做成梯
形的。

模具梯形斜边的角度叫做拔模
锥度，美国苹果公司的共同创办人史
蒂夫·乔布斯（Steve Jobs）认为这一

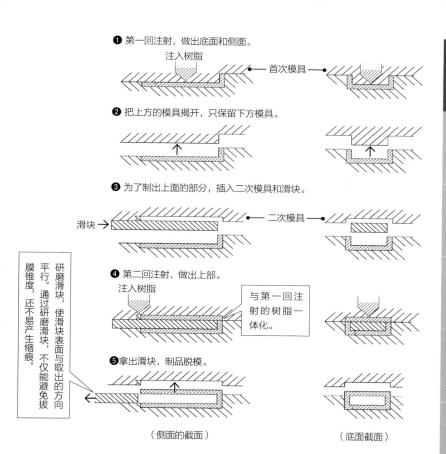

❶ 第一回注射，做出底面和侧面。

注入树脂 ← 首次模具 →

❷ 把上方的模具揭开，只保留下方模具。

❸ 为了制出上面的部分，插入二次模具和滑块。

滑块 → ← 二次模具 →

❹ 第二回注射，做出上部。

注入树脂

与第一回注射的树脂一体化。

❺ 拿出滑块，制品脱模。

研磨滑块，使滑块表面与取出的方向平行。通过研磨滑块，不仅能避免拔膜锥度，还不易产生缩痕。

（侧面的截面） （底面截面）

角度降低了产品的美观度，于是苹果公司为了让这个角度消失进行了一系列的尝试。

成功案例之一就是已经面市的树脂制iPod shuffle。它的面与面呈直角，就像刚切下的豆腐块。观察它的断面，连里侧的形状也没有拔模锥度，整体轻薄而小巧。

若使用通常的成型方法，只能做出如26页的结构图中下方一样的形状。而苹果公司的加工奥秘则在于使用了被称为双色成型的技术。这种技术一般被用在把软质树脂覆盖在硬质树脂上的时候，而苹果公司则把这一技术用在它途，这也正体现了苹果公司的不局限于常规的风格。

环氧树脂 / TOTO "Crystal" 系列
打造冰感厨房

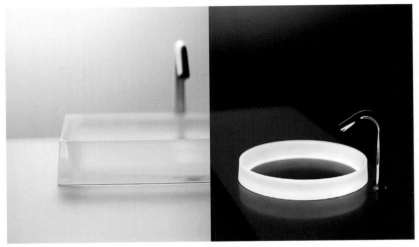

洗面池下部嵌入LED，犹如浮在水面的 "Luna Crystal"（右），利用厚度的变化来展现冰块质感的 "Crystal Bowl"。

　　说起环氧树脂，给人的第一印象可能是涂料或粘结剂，也经常被用于制作模型、鱼饵和车辆改装。

　　环氧树脂是受热凝固后会变透明的热硬化性树脂。硬度可以根据硬化剂的比例来进行调节。

　　环氧树脂具有很多优点，如耐热性和耐药品性，硬化后体积收缩少，对各种材料的粘结性高，且有强度、韧性和电绝缘性。

　　环氧树脂因上述这些良好的机械特性，被广泛应用于粘结、涂装和FRP（纤维增强塑料）。作为涂料，可作为汽车和船舶的外层防腐漆和饮料易拉罐的内面漆；作为粘结剂，可提高水泥强度，粘结地板材，还可以和碳纤维结合，制作汽车和飞机机翼的粘结剂。此外还被当作冰箱、手机等家电制品中的绝缘材料。

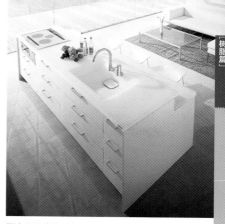

图中所示为水池与台面一体的"Cuisia Crystal Design Counter"。磨砂的表面可以让照明变得更柔和。由于进行了磨砂处理，所以表面硬度有所降低，当出现划痕时用砂纸一磨即可。

改善环氧树脂的耐候性
活用为制品材料

特性如此优秀的透明环氧树脂，却几乎没有被用于制作那些设计要求很高的商品。

这是因为环氧树脂在紫外线的照射下会变黄，不易保持透明感。不过TOTO在2003年解决了这个问题，开发出可以作为制品材料的环氧树脂。

那就是被称为"Crystal"系列的材料，这种代替玻璃的半透明环氧树脂，应用于TOTO公司的很多产品中。

相同体积下环氧树脂比玻璃轻一半，而且掉落后也不会裂成碎片而四处飞溅。另外，环氧树脂比丙酸树脂和聚酯类树脂要轻2成，它的弯曲强度高，即使被重物施压也不会变形，是桌台的理想材料。

起初环氧树脂只是被用于制造洗面台，之后提高了它的耐热性，改良成可作为厨房台面的材料。由此又进一步地增强了它的成型性，加工为洗面池。

2007年TOTO公司开发出利用环氧树脂制作的水池台面一体化的厨房。在2008年，又提出了众多方案，如磨砂效果的洗手池和内装LED灯展现柔和光效的洗面池等。

目前这个系列的众多商品都已经陆续发售，与环氧树脂相关的一些厂家也兴旺起来，今后TOTO公司准备继续利用这种材料在厨房用具、家电等方面进行合作开发。

[树脂篇]

聚甲醛 / ABITAX "Strap" 系列
工程塑料实现了强度+α

品牌产品既需要足够的强度，
还要保证能够进行激光刻印。

　　ABITAX公司是一家集设计、制作、贩卖为一体的日用品设计公司，它设计过便携式烟灰缸、收纳盒、钥匙电灯等产品。该公司的产品设计性高，品质上乘，有着众多忠实顾客。此处要介绍的是ABITAX公司的手机链。它利用聚甲醛材料把手机链制作成硬质的棒状、锚状，使其很容易就被手指勾住。或者是加工成别针的形状，可以挂在书包的边缘。再有就是

制作成钩形，别在腰带上。

　　聚甲醛是工程塑料的一种，日用品不经常用这种材料。但ABITAX选择这种材料有以下两个理由：

　　第一个理由是聚甲醛强度高，弹性好。像别针和钩子这种形状，即使是最细的部分，无论怎样使劲弯曲，都不会断裂，并且可以恢复到原来的形状。ABITAX公司致力于追求以高品质来体现良好的感性价值，于

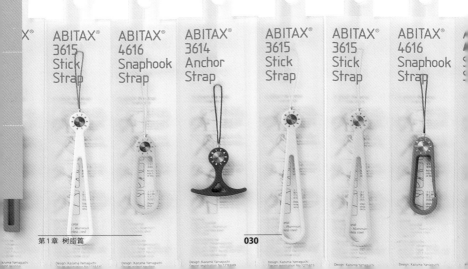

是对于材料也有着相当高的要求。

选择聚甲醛的另一个理由是，可以利用激光进行文字刻印。若用聚碳酸酯等材料就无法进行激光刻印，而平面印刷又体现不出立体感，还会让产品显得廉价。ABITAX公司经过对材料的多重考量，选择了聚甲醛，它能赋予产品更高的价值。

工厂的技术支撑

聚甲醛也有它的缺陷，它无法与模具完全贴合，纹理表现效果不佳。并且在成型时若增强压力，模缝线就会显得格外明显，影响美观。此外聚甲醛的收缩率高，是很难运用的一种材料。

石川县的室岛精工却克服了聚甲醛的这些缺陷，实现了高超的加工技术。该公司也曾为雷克萨斯零售店的彩色模型进行过加工，擅长精度高、数量少、品种多的项目。室岛精工包揽从模具制作到注射成型的所有环节，再刁钻的要求都可以满足的超高技术赢得了ABITAX公司的信赖。可以说，有些形状只有室岛精工才可以实现。

品牌的高品质性得以实现，必须有高技术的工厂一同协力。日本的竞争力正是源于这些制造工厂。

---

* **1** 工程塑料：比一般塑料的强度、耐热性、耐药性要高，是一种常用于替代金属的高性能塑料。

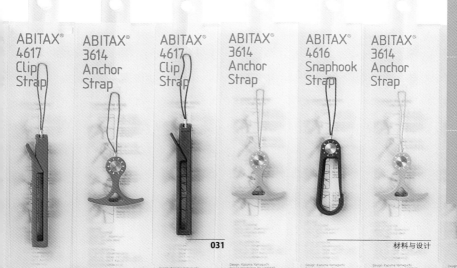

ABITAX® 4617 Clip Strap

ABITAX® 3614 Anchor Strap

ABITAX® 4617 Clip Strap

ABITAX® 3614 Anchor Strap

ABITAX® 4616 Snaphook Strap

ABITAX® 3614 Anchor Strap

材料与设计

丙烯酸 / 松下电工"爱乐诺"系列

不拘泥于陶瓷材料，设计会有更多可能性

跳出对材料的固有概念，
会让商品具有新的价值。

为了能嵌入洗净装置等电子部件，虽然要把坐便器的尺寸稍作加大，但其紧凑的造型仍是业界最小的尺寸。

　　提到坐便器，便会理所当然地想到陶瓷材料。而松下发售的"爱乐诺"则颠覆了以往的坐便器设计，选择了有机玻璃。这种材料以丙烯酸为基础而制成，丙烯酸常用于制作水族馆的水槽。松下的坐便器不会因刷洗而划伤，对清洗剂也有良好的耐性。正是因为松下公司并非陶瓷制厂，才能跳出对陶瓷的固有概念，找到新的材料。

　　松下公司之所以开发新材料，是为了要减少坐便器清洗的次数。根据松下公司的调查，主妇们最讨厌的家务就是清洗卫生间。而卫生间里最难解决的是水垢。陶瓷釉中含有的硅元素和水里的硅会结合在一起形成水垢。加之其他脏污，进而形成黑斑或粘污，还会产生异味。

　　而松下公司所选择的新材料有良好的不亲水性，不会与水中的硅元素结合产生水垢。再配以泡沫状的清

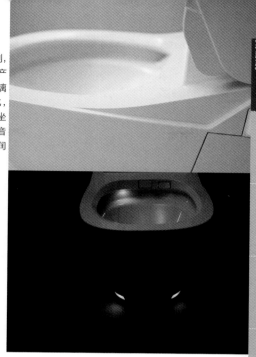

右上/以往的坐便器，便座是塑料制，而其他部分是陶瓷，这样很容易产生缝隙，因而形成污垢。有机玻璃的坐便器则让便座与便器一体化，没有缝隙。 右下/在有机玻璃的坐便器中还可以嵌入LED照明和扩音器等。 左设计成符合人体的圆润四角形。

洗和旋涡冲水，用刷子清洗坐便器的频率可以降低到3个月一次。

提升制造精度

选择丙烯酸这种材料的另一个好处是开拓了设计的自由度。用陶瓷烧制出的产品，尺寸形状会产生一定的差异。而新的材料利用注射成型，仅产生0.01mm的误差，提高了设计的自由度。

这款坐便器的设计师是深泽直人，他认为美的空间需要简约的造型，要排除掉一切不必要的成分。

普通的陶瓷制坐便器和盖子之间有很大的缝隙。而新材料的坐便器则很好地弥补了这个缺陷，并且把温水洗净装置嵌在了内部。乍一看也许没有什么显著的变化，可是只用一条斜线造型来连接盖子与地板，对于普通陶瓷制坐便器来说是不可能的。

环保材料，可展现一团水或气球装满水后的质感。

一些厂家们开发生产塑料瓶成型时所需要的模具，而青木固研究所则为这些厂家提供技术支援，同时它也是超薄型塑料瓶的开发者。

一般制作塑料瓶时，要先把原料制成试管状的预成型品，冷却后再加热，然后放入吹塑机中，最后成型。而青木固研究所则可以利用制作预成型品时的热量，无需冷却直接进行吹塑。通过这项技术不仅能让成本降低，更方便地管理温度，还能提高加工精度和成型自由度，让塑料瓶更薄。

事实上早在10年前，青木固研究所就已经开发出这种制作超薄型塑料瓶的技术，只是当时不被任何厂家看好。厂家都认为这种易压坏的瓶子无法作为商品安心运输，而且一般的生产线也没法进行填充，只能被视为缺陷品。

新的想法让其拥有了更多可能性

不过，随着物价高涨，大众环保意识增强，人们对于超薄型塑料瓶的价值也有了改观。附图为300ml的塑料瓶，一般情况下300ml的塑料瓶

大约要20g，而这个超薄型塑料瓶仅为7g，约为普通的三分之一。瓶身为立袋形的设计，空瓶状态时，沿着侧面的浅槽向里折，最后可以被压缩成很小的结构。由此不仅可以让垃圾的体积减小，在没有垃圾箱的状况下也能轻易地将其收在口袋中，实为便利。

瓶身会因水的重量而稍有变形。也正是这样，才能像手工制玻璃或冰块的线条一样，自然而蜿蜒，富有魅力。超薄的瓶身让其有了高透明度，内装的饮料也会显得可口美味。这种超薄型塑料瓶品质上乘，节省资源，且具有独特的触感，简约而美丽。

这样的超薄型塑料瓶也有它的缺点，同时也是它迟迟没有实用化的原因。那就是它一旦被挤压，就会产生无法复原的褶印。因此在运输和陈列时会遇到很大的困难，因为微小的外力都会使其变形。在这一点上，厂家无法在瓶身封上塑料标签，在流通和贩卖上都产生了很多的难题。

但另一方面，因为瓶身形状的自由度高，商品的标志可以刻印在瓶身上，或是设计成无需塑料标签的造型，还可以故意利用这些褶印实现有趣的设计。这样一个超薄型塑料瓶可以发挥我们超越常识的、崭新的想象力。

PET

根据内装物的不同可分为4类塑料瓶

塑料瓶是由聚对苯二甲酸乙二醇酯（polyethylene terephthalate 简称PET）为原料制造而成的。目前，日本国内制造的塑料瓶，根据内装饮料的种类，分为4大类。碳酸饮料使用的为耐压塑料瓶和耐热压塑料瓶❶；绿茶、果汁等饮料使用的为耐热塑料瓶❷；牛奶饮品则使用非耐热塑料瓶。

制造塑料瓶时，需要先制出试管状的预成型品，再利用预成型品进行注射成型。注射成型时，在100℃的高温下，把预成型品放入模具中，再把延伸棒插入预成型品中让其延伸，吹入高压空气，让材料膨胀到贴合模具。最后进行冷却，取出成型品塑料瓶。

塑料瓶的制造过程

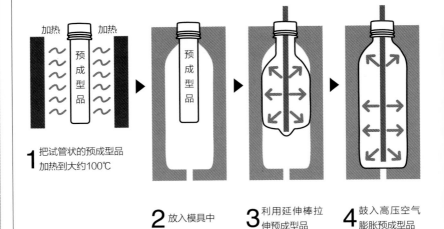

加热　加热　预成型品

预成型品

1 把试管状的预成型品加热到大约100℃

2 放入模具中

3 利用延伸棒拉伸预成型品

4 鼓入高压空气膨胀预成型品

❶ 耐压塑料瓶／耐热压塑料瓶

耐压塑料瓶
适用于不含果汁等成分的碳酸饮料。

耐热压塑料瓶
适用于含有果汁和奶成分的碳酸饮料。瓶口进行高温结晶，增强其硬度。

花瓣形底部
防止瓶内二氧化碳产生的高压所导致的底部变形。

不含果汁或奶成分的碳酸饮料，使用耐压塑料瓶作为包装容器（右图）。因为碳酸饮料中含有二氧化碳，瓶内压力要比其他种类的饮料高。所以需要把瓶壁做厚，提高其强度来承受内部压力。此外，和非碳酸饮料所使用的耐热塑料瓶或非耐热塑料瓶不同的一点是，碳酸饮料塑料瓶整体上很少有角状造型，不会因为内部压力导致瓶身变形。

含有果汁和奶成分的碳酸饮料，需要高温杀菌，所以使用的是耐热压的塑料瓶（左图）。耐热压的塑料瓶，由于结晶变化，口部的塑料会变成白色，可以根据这一点与耐压塑料瓶进行区分。另外为了防止因为内压而产生的变形，碳酸饮料的耐压塑料瓶和耐热压塑料瓶瓶底都会做成花瓣的形状。

❷ 热塑料瓶

耐热塑料瓶适用于像绿茶或乌龙茶这一类无糖茶和果汁饮料。冲泡这些饮料时的温度约为85℃，所以需要耐高温的塑料瓶。与耐热压塑料瓶相同，为了防止瓶口变形，要在制造时把瓶口部分的塑料结晶化，瓶身还要设计成抗压的栅框结构。

耐热塑料瓶
适用于绿茶、乌龙茶、果汁等饮料。为了防止高温所产生的变形，瓶口被结晶化。

创新的加工法，让硅酮好似柔软的金属。

从事硅酮加工的共和工业，开发出了在硅酮树脂上镀金的加工技术。成型品乍一看好似金属制品，却能够自由弯曲，展现了前所未有的材料质感。

硅酮材料的硬度可随意调整，并有良好的耐热性，是当今所有工业制品中不可或缺的一种材料。此外硅酮的成色效果佳，可以很容易地再现荧光色或夜光色，多用于制作日常用品和家电制品的外壳，可是利用硅酮进行加工的时候有几点难处。

最严重的问题要属硅酮的粘结性差。所以在把两种硅酮进行结合的

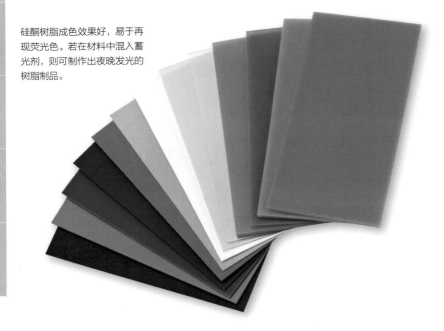

硅酮树脂成色效果好，易于再现荧光色。若在材料中混入蓄光剂，则可制作出夜晚发光的树脂制品。

时候，需要用到双色成型等技术，才能让复数硅酮部件组合在一起。

　　此外在硅酮表面上漆也是一件困难的事情。一般来说硅酮的颜色都是在树脂中混入颜料而形成的。为了让硅酮表现金属质感，虽然可以在硅

酮材料中混入金属粉，但是却无法达到镜面效果。

　　这里所介绍的硅酮则克服了上述的难点，成功地进行了镀金加工，并实现了镀金表面的高密着性和贴合性，即使弯曲硅酮也不会产生裂痕。

经过镀金加工的硅酮树脂板。任意弯曲后，也不会产生镀膜的裂痕或剥落。

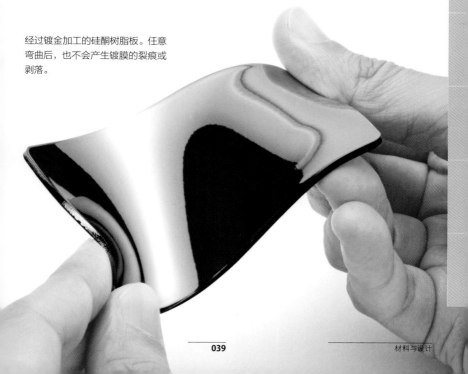

材料与设计

塑料瓶不仅仅只是作为液体的容器。还能有各种各样的附加机能。

下图中插有一朵花的花瓶所用到的材料，是由DiAPLEX公司开发的形状记忆树脂。开发过程中完成中空成型的制造厂为HONDA PLUS，该厂家对成型时的技术进行了检验，并摸索出了能够作为容器使用的成型条件。

这种材料的特性是，可在40℃~120℃之间设定任意一值，让材料发生软硬变化。例如把它设定成，当被手掌紧握时就能变软，那便可以制作出符合手掌形状的塑料瓶。然后浇之热水使其变瘪并记忆这一形状，就可以毫不费力地压扁它了。

被阳光照射后发生变化的树脂

除了形状记忆树脂以外，HONDA PLUS还对能够做成瓶子的各种机能性树脂进行了探索。此处所介绍的为右图所示的"紫外线感应树脂"。利用该树脂做成的瓶子在昏暗的室内呈现乳白色，拿到室外便立刻变成紫色。在接触紫外线就变色的这

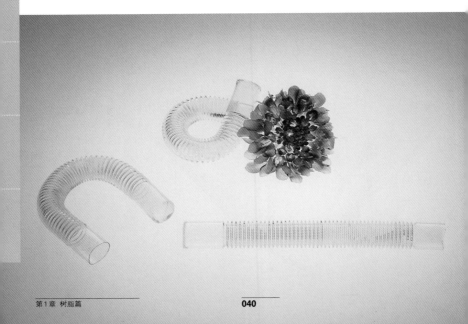

一基础上，根据紫外线的量多量少，颜色还可以发生浓淡的变化。在晴天时，如果我们带着这样的瓶子出门，也许会因为害怕它的颜色变太深，而不愿外出。所以这种材料正是适合制作防晒霜等化妆品的容器。

在HONDA PLUS的研究所中，有着几百种具有高机能性或可以特殊显色的树脂。利用这样的树脂所制作的瓶子让我们不再认为瓶子仅仅是用来保存液体的存在。

上图所示为接触紫外线后就变色的"紫外线感应树脂"塑料瓶。除了紫色以外还可以变成蓝色或黄色。如果改变树脂本身的颜色，还能变化出更多的颜色来。很适合作为防晒霜等化妆品的容器。

如图所示为利用形状记忆树脂所制作的容器。若制作成蛇腹状（左图），当它变软时能够更自由地弯曲。并且变形后一旦加热便会还原到最初的形状。适合制作会随着手型和环境而变化形状的容器、花瓶或杯子。

赛璐珞可以展现石油系塑料无法实现的彩色花纹与细腻手感，是一种勾起人们怀旧情怀的材料。

曾经无处不在的赛璐珞现如今只被利用制作乒乓球、吉他拨片和镜框这些产品了。可是赛璐珞却有着石油系塑料所不及的优势。

用赛璐珞制作的产品，根据视线角度的不同，会看到随着光线变化的珍珠般光泽，透明感和延伸感让产品有着独特的颜色，还可以多种颜色组合在一起。

协力制作所制造的赛璐珞日用品。照片为"市松纹"八角盒。由SIC公司担当销售业务。

赛璐珞的原料为纸浆、胶棉和樟脑，因为这些都是天然素材，会有些许吸水性，有着舒服的手感。

原料费高且易燃

赛璐珞逐渐淡出舞台的原因是它易燃且原料费高，于是低廉的石油系塑料便流行起来。纸浆和胶棉中含有的硝酸与硫酸混合后会发生硝化反应，反应后得到的硝化棉（纤维素）是赛璐珞的原料。这种物质燃烧时很激烈，在持有20kg以上的情况下，需要向消防局通报，100kg以上的情况，则必须把它们储藏在危险物仓库中。这种物质在170℃时最容易自燃，所以以常识来讲，赛璐珞制的镜框和笔筒不要轻易燃烧它。

制作赛璐珞制品时所需要的赛璐珞板，1kg大概需要数千日元。而石油系塑料仅需几百日元，价格相差颇远。并且赛璐珞板的制作基本上都是手工完成的，制作花纹的时候需要像木片拼花一样，把不同颜色的赛璐珞板组合在一起。

图中从上到下为："珍珠白"圆形盒（L号）、"鳖甲纹"小判盒（L号）、红白"金鱼"笔盒（L号）。赛璐珞制品的特征为有着樟脑的独特味道。

此外，制造赛璐珞板时要经过很长时间来干燥，所以需要等很久才能购入赛璐珞。生产赛璐珞板的Daicel FineChem公司说道："生产1mm厚的赛璐珞板约用10天。以此来计算，生产6mm厚的赛璐珞则要花费2个月。"

赛璐珞虽然有着这样的缺陷，但还是有少数厂家坚持生产下来。其中一家是位于东京都葛饰区的协力制作所，他们一边加工塑料制品，一边生产名为"葛饰赛璐珞"的笔筒、眼镜盒和托盘等日用品。

虽然赛璐珞的原材料价格高昂，一个肥皂盒就要一千多日元，一个笔筒则约2000日元。但是它有着石油系塑料无法展现的魅力。寄卖在精品店或室内装饰店中，还是存在客源的。另外还可活用在手机的装饰或便携播放器的外壳等这些重视颜色、花纹和触感的制品上。

静谧、轻软，可触碰之光。

所属设计部门Formina的加藤健太郎设计制作了照明器具模型"snow"。这件作品会让人联想到鹿儿岛的点心名产"轻羹"，轻软且富有张力。

这件照明器具是在灯泡式荧光灯的外部包上约2cm厚的发泡硅酮。加藤说道："在照明器具的设计过程中，总是会考虑怎样控制灯光和营造何种空间这些方面，而人和灯光的接触与交流则很少被重视。"于是加藤便开发了可以带给人们触碰乐趣的照明。

加藤想要制作出无论是外观还是手感都很柔和的照明，在寻找合适的材料时，他遇到了受托开发机器人的KOKORO公司。该公司致力于开发主题公园和恐龙展等各种活动中使用的机器人。

从未得以成型的材料

比起同为发泡树脂的聚氨酯，发泡硅酮的分子构成更均一，有很细小的粒状纹理，挤压后形状恢复缓慢，并且它的柔软度是一般发泡材料无法达到的。另一方面，一般的硅酮材料，不会有如此显著的透光性，而且发泡硅酮的耐热性高，是最适合做照明器具的材料。

但是利用发泡硅酮制作的最大问题是，至今为止还没有结合模具，让发泡硅酮制成特定形状的经验。原本硅酮材料仅是用来填充缝隙的填充物。问了许多厂家后，也都不知道如何用模具成型。

于是以发泡硅酮与发泡剂结合的方法为基础，加藤与KOKORO公司开始了独自研究。除注重材料的配合以外，还要考虑到温度、湿度和搅拌方法。还对材料在发泡时模具的压力进行了无数次的调整。

因为仅仅用发泡硅酮作为材料是很容易损坏的，所以在它的表面还覆盖了一层作为保护膜的硅酮，来提高它的耐久性。

这样一盏灯带给人们前所未有的柔软触感，拉近了人与照明的距离。相信发泡硅酮还能有更广泛的用途。

设计师加藤健太郎和从事开发机器
人的KOKORO公司共同开发的照
明器具"snow"。为了提高其强度
且不损坏质感，在发泡硅酮的表面
覆盖了一层透明的硅酮薄膜。

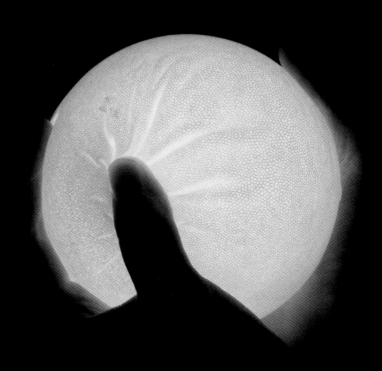

金属色调树脂薄膜"PICASUS"

既不用镀金也不用上漆，纳米技术让100%的树脂呈现了金属色调。

若要树脂表现金属色调，无非就是镀金和蒸发镀膜这两种加工选择。可无论是哪一种方法都会用到金属，而金属材料则会出现吸收电波的问题。因此在制造金属色调的手机外壳时，只能用锡或铟来进行不连续蒸发镀膜的表面处理。但是利用这些金属加工时，膜压控制难，成品率很低。

而TORAY公司则成功解决了这个难题。该公司开发出了无需金属材料就能表现金属色调的"PICASUS"树脂薄膜。这种树脂膜由1000张两种折射率不同的PET交替重叠组成。树脂膜的加工方式比在树脂上蒸发镀膜所耗费的成本要低2到5成。

PICASUS树脂膜最大的特征是它不使用一切金属材料，信号可以完全不受阻挡。以往的许多手机设计中，在收发信号的天线周围，无法使用金属材料装饰。而使用了PICASUS树脂膜的手机则完美地实现了全机金属质感的设计。而且既不用担心生锈，所用材料还可以回收再利用。

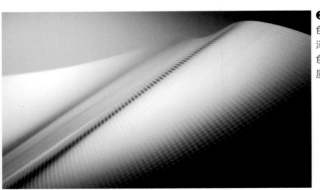

❷ 把树脂膜印刷成白色，便有了珍珠般的光泽。若在背面印刷成黑色，则得到了不锈钢的质感。

珍珠光泽等质感的多彩表现

PICASUS树脂膜有三种类型：一种反射率高金属质感强，一种注重透光性，还有一种是能够反射蓝色光。反射率高的树脂膜就像单向透视玻璃一样。

透光性高的一类树脂膜如图❶所示，通过在膜的背面印刷多种颜色，来加强它的表现力。若如图❷中，把树脂膜加工成格栅网面，就可以达到珍珠光泽的效果。丰富的质感让手机有了新的魅力。

加工树脂膜时，要先预成型为曲面，然后再进行嵌件成型。这样就可以有150%的伸缩度。

图❸为将PICASUS树脂膜加工在手机的前盖上，今后还可以把这种技术运用在笔记本的表面上。就这样，树脂膜与印刷相结合，展现出了前所未有的新世界。

对树脂膜加之彩色印 ❶
刷，可以表现崭新的金
属质感。

❸ PICASUS已经被加工在了au手机T002的翻盖部分。

材料与设计

让品牌的LOGO清晰地刻印出来的新一代加工技术。

印在家电制品上的品牌LOGO可以大致分为几类，其中最常见的是以下两种。其中一种为突起的LOGO，并且在LOGO上有很密集的V字形沟线。这种沟线会反射光线提高自身光泽度，让树脂看起来像金属一样。

另一种是凹型LOGO，因为要在凹陷的LOGO部分上漆，漆的厚度会导致LOGO边缘弱化。

★为无沟的凹面LOGO，因为进行了蒸发镀膜，表面会有些许凹凸不平，所以较常被采用的是上漆加工。

取两种LOGO加工方式之长处

突起型的LOGO很容易在使用过程中被磕碰。而凹型LOGO又无法锐利地表现出LOGO的形状。从事树脂模具加工的MOLTEC公司的松井宏一社长，结合这两种LOGO加工方式的优点，开发出了如图所示在凹面LOGO上刻入V沟的新技术。

虽然乍一看并没有什么特别之处，既然能在凸面进行V沟雕刻，换成凹面也不是件难事。

实际上，以往的凸面V沟雕刻，要先用黄铜制作和部品形状相同的标准件，在标准件上刻好V沟，让部品取其形状。但是换做凹面的话，由于不能像凸面一样使用钻模，是无法用相同的方法进行V沟雕刻的。

于是MOLTEC公司对加工工具进行了一番研究，让坚硬的模具直接在部件上进行削刻，成功地在凹面上形成了V沟。由于省去了制作标准件的步骤，既缩短了工期，还能把成本降低到凸面V沟加工的7到8成。

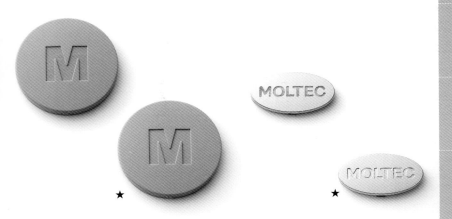

材料与设计

[树脂篇]

名儿耶秀美（Nagoya Hideyoshi）
生于东京。在武藏野美术大学造型专业就读时，师从设计师Schmolcher教授。1981年毕业，就职于高岛屋宣传部。1984年6月离开高岛屋转职于Marna公司，历任企划室长、专务等职位。2003年3月离开Marna公司，独自成立h-concept公司担任社长。负责商品开发，设计咨询。

制作高级塑料制品的方法

塑料制品的高级感主要体现在模缝线、
浇口处理等诸如此类的细节处理上。

　　h-concept的社长名儿耶秀美，自2002年发售了动物形状的橡皮筋"Animal Rubber Band"后，以此为开端又相继推出了设计性高、富有幽默感的产品。其中有很多是参加设计竞赛后没有被量产的设计，或者是虽然想法很出色却没有厂家愿意生产的设计。

孤军奋战无法实现塑料制品的生产

　　名儿耶社长把那些被搁浅的设计重新拿出来，从制造开发到包装设计再到宣传和确保贩卖渠道，进行了一系列的管理和策划。而这样的h-concept的制品中，塑料是最主要的材料。

　　h-concept的塑料制品最多是有原因的。那就是像木、铁、皮革等材料的制品，设计师可以独自手工完成。而需要利用模具成型来制造的塑料制品，对于设计师来说，费用和成型方法都是难题。

　　所以对于设计塑料制品的设计师们来说，可以承担模具费用，并能作为工厂和设计师之间的中间人的角色是不可或缺的。h-concept就是仅有的几家公司中的其中一家。

　　塑料可以自由地成型与着色，是能够满足设计师们各种刁钻要求的一种材料。但同时，利用塑料制作产

营养补给品药盒"Pecon!"。设计师澄川伸一通过这件产品的开发，切身地感受到了硅酮粘结性差的难题。

宛如一笔画出来的衣架"HITOFUDE"。选择聚碳酸酯来提高强度。设计师为千叶保明。

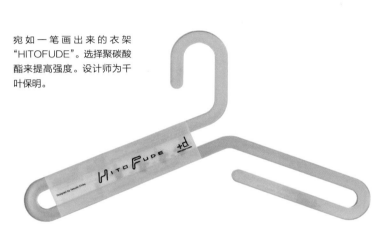

筷子"UKIHASHI"。把筷子放在平面上，前端会浮起来，所以不需要筷子托。筷子尾部的圆孔处设置浇口，再在上面盖上盖子使浇口的痕迹隐藏起来。筷子的材料使用了FRP（玻璃纤维增强塑料）。设计师为小林干也。

材料与设计

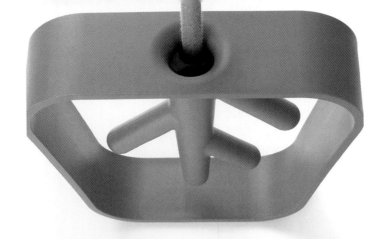

小花瓶"NEKKO"。代替陶土使用了
密度更大的PBT（聚对苯二甲酸丁二
醇酯）。由&design公司设计而成。

品时，从设计到生产又存在着各种各样的难题。

　　成型品的品质管理就是其中一项难题。因为这是决定制品能否体现高级感的重要工作，只有具有丰富知识的人才能胜任。以h-concept公司为例，担任社长的名儿耶曾在日用品制造商Marna公司有着近20年负责产品开发的经验。这让名儿耶有着丰富的成型方法知识，并积攒了与各种工厂之间的合作关系。正是这样的经历，支撑着现在的h-concept的设计

质量管理。

　　上图为像植物根部一样的小花瓶"NEKKO"。一般的小花瓶大多都用陶土来做，但是如此复杂的形状陶土肯定是无法实现的。因此选用了经过玻璃纤维增强的PBT（聚对苯二甲酸丁二醇酯）树脂，这种材料可以表现像陶器一样干燥的质感。

　　另外，对于成型方法还进行了各种探讨。例如在注射加工时，把浇口设置在了根的端部，让浇口的痕迹隐藏起来，使塑料不再因为加工痕迹

而看起来廉价。

除了"NEKKO"以外，从2007年2月发售的树脂筷子"UKIHASHI"中，也能看出h-concept公司为了提高完成度而对细部成型进行的各种考虑。筷子的根部精心地设置了浇口孔，注射后还要把孔盖住，隐去孔眼才算完成。

失败与教训是必经之路

"在习得如何制作产品的同时，也经历了许多惨痛的失败。"（名儿耶社长）。例如药盒"Pecon！"的开发中，药盒的结构设定为硅酮材质的盖子翻转打开可变为盛药片的托盒，于是就出现了需要两次制作模具的难题。要实现崭新的想法也就意味着没有可以借鉴的经验，所以在制作最初的硅酮模型时因为接触面不够，产生了强度低的问题。

多亏塑料是通过化学合成的材料，根据成分不同可以达到各种各样的制品效果。如ABS、聚丙烯、聚乙烯、丙烯酸、聚碳酸酯等等，不胜枚举。在这些塑料当中哪一个才是最合适的则需要一步一步地实验与查证。

宛如一笔勾勒出来的衣架"HITOFUDE"，不仅仅是追求新奇的形状，还有着不会抻拉衣服的圆领或高领的优点。但是这样的形状要怎样提高它悬挂衣服时的强度呢。

名儿耶社长利用聚丙烯、ABS、丙烯酸等多种塑料制作了样品，使其悬挂2kg的重物来验证其强度。聚丙烯的衣架几个小时后就变形了，而聚碳酸酯则因其分子结构不易被破坏，长时间悬挂重物后也不会改变形状。

对于从事制作产品的人来说，今后必须重视的问题是对环境的考虑。尤其像塑料这一类材料，一旦合成后便无法降解，就这样永久地存在下去。所以制作时要特别慎重。

"不过换言之，把这种不会腐朽的东西制作成能够长久使用的制品反而更环保。"名儿耶社长是这样考虑的。

有着这样想法的名儿耶社长致力于改变"塑料制品都是廉价货"的偏见，努力提高塑料制品的质量，维持塑料制品的高级感。

善用硅酮

硅酮触感独特、加工简单、
显色效果佳等具众多优点于一身，
名儿耶社长来讲述如何展现硅酮的魅力。

在众多树脂当中，名儿耶秀美社长最喜欢使用的是硅酮树脂。

所谓硅酮树脂，就是含有硅元素的有机化合物。在地球上硅元素是仅次于氧元素存在第二多的元素，其用途也极为广泛。最常见的是利用硅来制作半导体。由于硅元素结合了金属与非金属两方的性质，可以充当介于导电和绝缘之间的半导体物质。

另外，若改变硅酮的成分配合，还能够使其呈现油状或橡胶状等不同状态。所以可以根据用途的不同，来自由地变幻硅酮的展现方式。

温和又可爱

硅酮的材质给人感觉很温和，这也是名儿耶社长选择硅酮来制作商品的理由之一。她说："加工硅酮时几乎不使用可塑剂，其安全性之高，甚至可以用来制作哺乳瓶的奶嘴部分。"

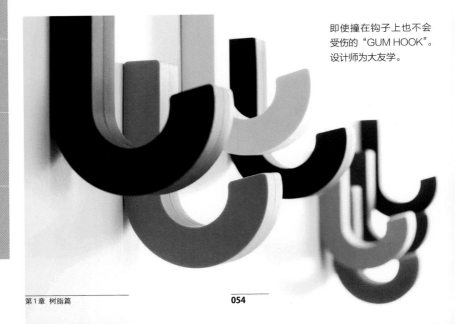

即使撞在钩子上也不会受伤的"GUM HOOK"。设计师为大友学。

管状的门挡"TUBE DOOR STOPPER"。设计师为涉谷哲男。

柔软可折叠的漏斗"FUNNEL"。设计师为涉谷哲男。

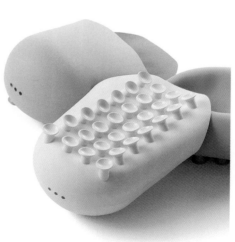

橡胶制吸盘小盒"Kangaroo Pocket"。设计师为澄川伸一。

所谓可塑剂，是为了让塑料更柔软、加工更简单而添加的一种物质。虽然不是所有的可塑剂都有害，但免不了有毒性的材料存在，在使用的时候要特别慎重。相比之下，经常被用于整形时填入体内的硅酮，安全性的保障当然是不在话下了。

但是名儿耶社长采用硅酮的理由不只这一点。她曾说道："怎么看都觉得硅酮是种惹人爱的材料。"

确实，硅酮材料既没有金属感和硬质塑料的那种冰冷感，而且还具有适度的弹力，摸起来就像耳垂一样。同时这样的弹力还可以使硅酮更易从模具中取出来，所以大大提高了产品形状的自由度。

h-concept推出的第一件产品"Animal Rubber Band"就是硅胶制品。这是动物形状的橡皮筋，可以像普通的橡皮筋一样拉伸，不拉伸的时候便还原回动物的形状。

这种橡皮筋有着最高190℃的耐热性，和最低-40℃的耐冷性，无论是放在冰箱里还是热水中，都没问

题。并且它还具有很高的耐候性，在长时间的日光照射下，也不会像普通的橡皮筋一样变得脆弱。

除了良好的弹性，名儿耶社长说："显色效果好也是硅酮树脂的一大特长。"h-concept的每一系列产品都有着7到8种颜色，而硅酮杯套的马克杯"tagcup"更是出产了10种颜色。

不过，硅酮树脂也有不能使用的情况。它有很高的透气性，不能像吸盘一样使用。2006年发售的"Kangaroo Pocket"制品中添加了橡胶

材质作为吸盘也是这个原因。

为了能够恰当地使用材料，名儿耶社长在产品加工的过程中，无数次拜访工厂了解情况。有时候直接向材料工厂询问信息也是很重要的。

追求高品质的设计往往就意味着开发和制造的难度更高。对于承担着从模具投资到库存剩余这些风险的名儿耶社长来说，从工厂和制造商得来的现场信息是制作产品中不可或缺的。

肥皂盒"Tsun Tsun"。设计师为宫城壮太郎和高桥美礼。

材料与设计

树脂活用法的成功设计案例　柴田文江①

柴田文江（Shibata Fumie）

生于山梨县。曾就职于大型家电企业，1994年成立设计工作室design studio S。从电子商品到日常用品，在工业设计领域中涉足广泛。设计作品有Combi的"baby label series"、良品计划的"贴合身体的沙发"、象印保温瓶"ZUTTO"、OMRON Healthcare 的电子体温计"检温君"、KDDI手机"Sweets series"等等。曾获得Good Design奖、AVON Awards to Women艺术奖、iF设计奖金奖等多项大奖。

如何制作柔软的塑料

工业设计师柴田文江说：

"形状决定塑料制品的质感。"

她来讲述设计"柔软"塑料的方法。

　　design studio S的柴田文江设计出的产品，总是会给人富有张力与光泽的印象。而这并不仅仅是因为使用了弹性体或硅酮等柔软的树脂作为材料。

只有塑料才能体现的魅力

　　以右图"Sweet cute"手机为契机，柴田在家电制品、医疗器械、生活日用品等众多领域中参与制品设计。柴田认为，以电子和机械为主的工业制品，不管是在概念上，还是在开发制造的过程中，多为机械感强、适合男性的风格。

　　但实际上较常使用家电和医疗器械等制品的人群是女性和小孩。因此柴田希望把棱角感的工业制品设计成谁都可以使用的富有亲近感的风格。于是才有了柔和质感的设计。

　　柴田迄今为止设计过的制品中，外部材料使用最多的是塑料。她喜欢塑料的理由很简单，那就是既不会耗费过多成本又可以制作出理想的产品。

　　像家电制品如果要追求高级感便会选择金属作为外部材料，成本自

上图为柴田设计师曾设计过的KDDI手机，Sweet cute（上）和JUNIOR KEITAI（下）的侧面照片。
两款手机的截面都是以抛物线或椭圆为基础线条制作而成的。

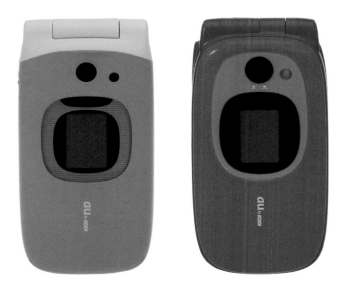

乍一看风格迥异的两款手机若仔细观察，便会发现其实线条上大致相同。左为Sweet cute，右为
JUNIOR KEITAI。

材料与设计

然就会增加。而柴田希望设计的是谁都可以轻易买到的制品，并不是那些高价的东西。

对光线反射的设计

柴田绝不是指塑料看起来很廉价。倒不如说只有塑料才能体现光滑且亲近的高级质感。

让塑料制品质感亲和，形状多彩，这才是柴田的设计目的。

那么，柴田利用塑料展现了何种形状呢？下面就以她设计过的两部手机为例来说明。

用柴田自己的话来说，她的设计中"产品截面的形状有一定的法则"。这些截面形状是以椭圆、抛物线等圆锥曲线为基础组成的。如果观察她为KDDI设计的两部手机"Sweet cute"和"JUNIOR KEITAI"，便能了解上述的特征。

如前一页的产品侧面照片所示，两部手机几乎都没有使用直线。翻盖部分的形状具有如水滴一般富有张力的线条。

其实这种利用平面曲线为基础设计的有机形状，非常适合表现光泽的表面，这样的形状仿佛是在孕育着什么，让人们感到亲切。

然后柴田再用Pro/ENGINEER以有机形状的截面为基础制作3D电脑模型。柴田说，制作过程中最需要注意的是"如何展现角R和角R所连接出来的面的高光"。

也就是说，从角R转过来的面，在光照下的反光要连续且顺滑。最后还需要把制作好的电脑模型在电脑里反复检验。柴田在设计产品的同时，也是在设计光的反射。

利用形状表现质感

为了加工出光滑的表面，成型后要进行研磨、上漆等许多工序。不过无论是哪一种方式，都需要首先制作出精确的基本造型。也就是说只要有了一种基本的造型，便能制作出多种质感不同的产品。

柴田说："通过形状来表现出的产品质感，会因尺寸的微变，曲面的展现，和颜色的组合这些方面，产生巨大的变化"。最典型的例子要属下面介绍的两款手机了。

其实仔细观察这两款手机，其内部结构基本相同，整体的比例也大致一样。截面形状的制作方法上也有很多共通点。但是要是乍一看这两款手机，可以清晰地意识到它们迥异的风格。

一款是面向初用手机的小学女生，造型可爱、适手。而另一款则是面向全体青少年，给人感觉就算不用小心翼翼地对待，也能很耐用的印象。这两款手机的外形上，仅仅是角R和与其相连的面的弧度发生了微妙的变化，却让整体的印像产生了很大的差异。

柴田说，塑料制品的魅力就在于可以制作出高精度且形状自由的产品，并通过造型上微妙的差异来表现不同的风格。"决定设计好坏的第一要素是创意和概念的质量。但是为好的想法注入生命的，是追求极致的造型加工。"

传递质感的言语

"噗哟"、"嘭"、"丰盈"属于工业设计师柴田文江的这些文字，把树脂制品的质感传达给大众。

像体温计这类产品使用时需要与皮肤直接接触，属于树脂质的家庭用医疗机器械。在设计时就要特别注重它的洁净感。

柴田文江设想出的风格是"从水中噗哟地一下冒出来的形状"。于是便有了OMRON Healthcare 的电子

体温计"检温君"，并获得了2007年iF设计奖金奖。

体温计的外形好似富有弹性的果冻，把前端聚拢后再拉伸出来组成整体结构。再通体覆一层透明树脂，增加它的透明感。

柴田为OMRON Healthcare所设计

OMRON Healthcare 的
电子体温计"检温君"

au手机"Sweets"（上）和"Sweets pure"
（右页下图）。根据不同的年龄群设计相应的
造型

Combi的"baby label"系列。强调丰盈的感觉。

的医疗器械都有着这样的风格。

风格。

用最简单的言语传达产品

比起其他材料，利用树脂可以制作出形状自由且精度高的产品。但也正因这个原因，在设计的时候要更为慎重。面和角的弧度有了丁点的改变，都会给产品的质感上带来很大的变化。所以设计师在设计的时候必须清楚地知道自己想要制作出什么样的产品，否则就会出现模棱两可的

柴田用谁都可以理解的拟声词来形容产品的质感。这样的拟声词也让参与制作的团队成员更容易理解，更有助于实现产品的质感。

柴田的所有设计都使用这种语言表达方式来传达质感。虽然树脂在形状上自由度很高，但同时也有着质感表现不明确的可能。而语言的点缀，既不影响树脂的质感又能使产品的形象更明确。

象印保温瓶"ZUTTO"系列。黑色的部分就好像被瓶身的金属紧紧包裹住一般显得柔软有弹性。

柴田设计的象印保温瓶"ZUTTO"系列，它的外形就好似用金属把瓶身的外围紧紧地包裹住，上下部分的树脂有种被挤压出来的膨胀感。这样便使上下部分的树脂与涂有金属漆的瓶身形成鲜明的对比，使侧面的金属质感更强硬。

虽然ZUTTO系列因为成本限制无法使用金属作为瓶身材料，但柴田成功地运用造型上的巧妙设计，来让其展现出真正的金属感。

柴田说，如何决定产品的质感，关键在于该产品的目标人群的年龄层。在她设计过的产品中年龄层最低的要属Combi公司的"baby label"育儿用品。

随着使用者年龄层而改变的曲面

这一系列产品的设计想法来自于"婴儿的手腕与脚腕处肉乎乎的褶皱形状。"

如63页的马克杯和婴儿马桶的照片所示，杯身和杯底连接的部分、马桶各连接部分就借用了上述的形状设计而成。并且这种风格的形状很容易利用硅酮制作，其外形也不容易磕伤幼儿。像婴儿一样圆鼓鼓的外形体现了它特有的可爱之处。

若以年龄稍大一点的小学女生为目标人群，就要讲到柴田设计过的au的手机"Sweets"。这款手机的外形虽然也有椭圆状的弧形线条，但更显紧绷富有张力。

其实手机机身的形状本没有那么圆，但翻盖部分使用模内成型技术让其稍显弧状，再配上比机身更明亮的颜色，就能让整体显得圆起来。

当目标人群的年龄层再增长一点，来到了能当"姐姐"的年纪，便有了上述手机的第二代"Sweets pure"。造型上利用了叶子生长的线条。两个系列的手机都是以平面曲线为基础来表现或是丰盈，或是飒爽的线条，风格千变万化。

材料与设计

第 2 章

金属的基础常识—1／产品制造时常用的金属材料

学习金属的基础常识，
了解什么样的产品该选择何种金属。

在各种产业中用途最广的金属当然要属钢铁（铁）。易提炼好加工，从古至今在人们的生活中一直发挥着重要的作用。也因此，在金属材料中经常把其他的金属与铁进行比较。像镁、铝等主成分为铁以外的金属就被称为"非铁金属"；若是含有铁的成分低于一半，且相对密度小于4的金属材料则被称为"轻金属"。

铁虽被称为"金属之王"，可太重也是它的一大弱点。近年来，随着电子器械的小型化，"便携"成为产品必不可少的一项特点。所以在商品开发时，尽可能让产品轻量化就变得尤为重要。最典型的质轻外包装材料要属塑料，但它在强度方面不能带来足够的保障。于是，既轻又结实的非金属合金材料渐渐被活用了起来。

灵活运用金属

目前在数码相机的制造领域中，使用着各种各样的合金。它们能让相机又结实又轻便称手，而且各种金属的特性还能作为商品的卖点之一。由于人们在选择相机时，很大一部分取决于自己的偏好，所以可以利用金属的高级质感来提高品牌形象吸引顾客。（详见70页）

例如，RICOH公司的"GRX"和"GR DIGITAL"系列就运用了镁合金材料。

镁合金可以说是目前被实用化的金属中相对密度最小的材料。因此体型比较大的产品适合利用镁合金。

另外生产卡片相机的厂家则多用铝来体现金属的银色光泽。铝的颜色明亮，在外观上也可以给人轻巧的印象。

金属材料的特征比较

金属名	比重	耐蚀性	合金拉伸强度（MPa）	低成本性
镁	◎ （1.74铁的约22%）	△	220上下 （AZ91系）	○
钛	△ （4.51铁的约57%）	◎	1200~1400上下 （β系钛合金）	△
铝	○ （2.70铁的约34%）	○	200~300上下 （6000号系）	◎
钢筋	× （约等同于7.93铁）	○	580上下 （SUS300系）	◎

佳能的"IXY 200S"的机身材料为铝合金。铝合金是非铁金属中最先在制造业中使用的一种材料且种类繁多，目前以耐酸铝为首的表面加工技术也已非常发达。

材料影响品牌

近年来，钛金属渐渐成为热门材料。虽然它的相对密度比镁、铝要大，但有着极高的强度。

由于这种材料最近才被利用起来，在加工等方面耗费的成本稍高，所以价格也贵，不过这也是突显高级感的一方面。KYOCERA的产品"CONTAX vs DIGITAL"，当初在设计时就是为了追求强度与高级感而选择了钛材料。于是采用了这种材料的CONTAX系列数码相机1号为品牌塑造了新形象。

佳能的数码相机"IXY"系列，因为坚持使用不锈钢材料，从而树立了属于自己的品牌形象。不锈钢就是在钢里添加了铬的铁合金，既不是轻金属也不是非铁金属，由于它的相对密度大，制作小型产品也可以体现重量感，易于突显高档品质。另外，佳能公司还自主开发了多种表面加工技术，其中最主要的则为强调表面洁白感的处理技术。

通过上述这些数码相机等便携器械的例子，我们可以了解到各个公司在选择金属材料时，要同时考虑机能与外观两个方面，通过善用金属来确立自己的品牌形象。也因此我们可以从数码相机中学习最新的金属材料知识。

金属的基础常识—2 / 通过数码相机学习金属涂装的特征

相机都使用了什么样的材料?
了解数码相机的材料,理解有关金属的知识。

RICOH的 "GR DIGITAL Ⅲ"。
外部材料采用了金属镁。

镁合金的种类

Mg–Al–Zn系合金	是现在工业制品中最具代表性的铸造用镁合金。在最基本的镁铝合金(Mg–Al)的基础上,加入锌(Zn),便形成了具有高耐腐蚀性的合金。这种合金还可以利用触变性注射成型技术,为便携设备、汽车等多领域产品进行外部加工。
Mg–Zr系合金	注重耐腐蚀性和拉伸强度的铸造用镁合金。

KYOCERA曾经发售过的 "CONTAX Tvs DIGITAL"。
外部材料选择钛合金,突显高级感。

钛合金的种类

α型	合金中添加了铝,有良好的耐腐蚀性和较高的刚性。
β型	合金中添加了钒和钼,提高了材料的强度,用于制作高尔夫球杆的杆头的打击面部分。
$\alpha+\beta$型	这种类型的合金集α型与β型的优点于一身,既保持了强度且易于加工。常用于制作高尔夫球杆的杆头部分。

佳能"IXY 200S"。利用耐酸铝加工成型，机身展现了明亮的颜色。

铝合金的种类

1000号系	纯度达到99.0%以上的纯铝系材料。虽然耐腐蚀性高且易被加工，但强度低，用于制造一日元硬币。
2000号系	铝+铜。俗称"硬铝"。强度高，约等同于钢，但易被腐蚀。
3000号系	铝+锰。即有纯铝的优点，且强度高，用于制作铝罐的罐身部分。
4000号系	铝+硅。具有高耐磨耗性与耐热性，用于制作铸件。
5000号系	铝+镁。抗海水的腐蚀性高，具有良好的强度，用于制作船舶和汽车等。
6000号系	铝+镁+硅。强度高且易被加工。用于制作铝窗框等。
7000号系	铝+锌+镁。是实用铝合金中强度最高的材料。用于制作以零式战斗机为主的飞机等。
8000号系	铝+铁。既保持了铝的特性，又提高了材料的强度。
Al+Li合金	铝+锂。锂的相对密度为0.5是最轻的金属。添加了锂的铝合金强度高且重量轻，虽然价格昂贵，却是用于制作航空器械的新材料。

佳能在2004年发售的"IXY DIGITAL 30a"。不锈钢的机身采用了佳能公司新开发的表面成膜处理技术"super white finish"。用纯银进行表面处理，突出了产品的白色质感。

不锈钢的种类

300系	铁+铬+镍。有良好的耐腐蚀性和强度。用于制作建筑材料。
400系	铁+铬。根据铬的添加，可以生成马氏体系列和铁酸盐系列的材料。马氏体系列虽然耐腐蚀性稍差，但易于加工，用于制造汽车的消音器。铁酸盐系列则在保持易于加工的特点的同时，还有良好的耐腐蚀性。用于制作厨房用品。

金属的基础常识—3／加之外力使其熔解

金属有冲压、深冲压、
拉模铸造等多种多样的加工方式。

冲压加工

① 一张金属板

加工金属时，除了车削方式以外，还有施加外力使其变形的方法。其中最具代表性的便要属冲压、深冲压和锻造加工。其中在制作工业制品的外包装时最常使用的为冲压和深冲压这两种加工方式。另外，锻造加工则用于制造强度要求高的零件部分。

施加外力使其变形

冲压加工，指的是利用安装在机械上的成对模具，对金属板材进行强压，使其变形的加工法。深冲压属于冲压加工的一种，冲压机把板材压入冲模中使其成形。加工过程如下图所示。不过这种加工方式容易使板材产生褶皱，所以如何避免褶皱的出现便要考验工程师的能力了。

利用车削法加工出的造型，纯粹且男性化。相比之下通过冲压变形得到的造型因为没有明确的边缘，看起来不僵硬，较为女性化。

熔化铸造

把材料熔化浇入模具中使其成型的铸造方法很少在产品外部造型中用到，而主要用于制作建筑材料和工

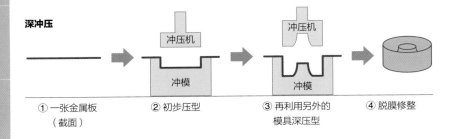

深冲压

① 一张金属板
（截面）

② 初步压型

③ 再利用另外的
模具深压型

④ 脱膜修整

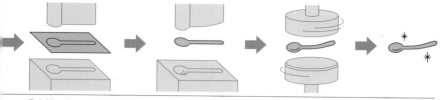

②在模具中压出形状   ③落料，留出   ④打磨修整   ⑤完成
                     基本形状

艺品。这一类加工方式中最主流的便要属压铸加工了。它属于模具铸造的一种，借助机器把熔化的金属压入模具中，这是铸造加工方式中精度较高的一种成型法，且主要用于铝制品的加工。

此外，脱蜡铸造和砂型铸造都是从很久以前就在使用的铸造法。虽然加工步骤简单但成品的强度与精度都较低。

近年还兴起了一种叫做镁合金触变注射成型的技术，这种加工方法近似于树脂的注射成型，只不过把树脂丸换成了金属片。并且在熔化金属时耗费的能量少，可加工出薄型的部件，因节能与环保而广泛受到关注。在考虑如何让设计更环保时，不仅要考虑材料的再利用，还要综合考量加工时所耗费的能量。

▶▶ 小解说
有关材料硬度和强度的关键词

金属会与空气或水中的各种物质发生化学反应，近而劣化。这种现象被称为"腐蚀"。材料自身对抗这种腐蚀现象的能力叫做"耐腐蚀性"。镀有铝或锌膜的产品耐腐蚀性较高。

表示材料强度的另一个标准为"耐候性"。这是针对暴露在室外经受阳光、风、雨等因素影响的材料而言，材料可以坚持越久则耐候性越高。塑料和涂漆材料等抵抗紫外线的能力最弱。若在塑料表面镀上金属漆则能提高它的耐候性。

在材料表面上漆后，涂膜面的强度根据"交叉切割剥离测试"或"铅笔硬度测试"来测定。交叉切割剥离测试中，利用专门机器在涂膜面划出十字交叉的划痕。再在涂膜面上粘上胶带，揭下胶带的时候记录涂料剥离的程度。而铅笔硬度测试则是用铅笔在涂膜面上划。用划出划痕的铅笔硬度如"HB"、"2H"等来表示硬度。

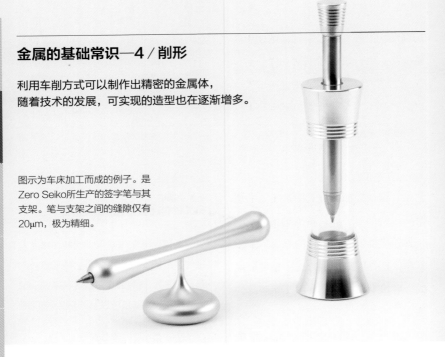

金属的基础常识—4／削形

利用车削方式可以制作出精密的金属体，
随着技术的发展，可实现的造型也在逐渐增多。

图示为车床加工而成的例子。是
Zero Seiko所生产的签字笔与其
支架。笔与支架之间的缝隙仅有
20μm，极为精细。

利用金属材料制作外部装饰或结构体，这在家电或汽车等工业制品的领域中是共通的一点。但是，根据所在的部位或用途的不同，需要的精度和强度也就有所差异，相应的加工法自然也会区分开来。制作金属部件的加工技术大致分为两类。一类为施加压力塑造形状，另一类则是通过高温来改变其形状。并且第一类方法中又分为削形与变形两种方式。首先先来介绍削形的技术。

从一个金属块削出形状的加工法中，最具代表性的要属车床加工了。在旋转的主轴上固定住金属块，对准切削工具进行削形。因为金属块总是按同一个方向旋转，所以加工出的形状就如上图所示，基本都为圆柱形。不过也由于加工过程中不需要加热，几乎不会出现膨胀或收缩的现象，所以可以实现精密的加工。这也是所有削形加工法的共通优点。

与车床相反，让切削工具旋转削形的机器叫做铣床。加工时，被加工物固定不动，主要实施平面与沟槽的削形。另外需要打眼时，则要用到钻孔机。钻孔机有像电钻一样的简单机械，还有复杂的多轴式，一次性可以钻很多眼，大幅度提高了生产力。

NC改变了削形技术

以车床削形为代表，在利用切削工具加工的时候，基本分为，粗加工、半精加工、修整润饰三步骤。但是，若是用拉床进行加工，1次就可完成上述三个步骤。加工器械也在为提高生产效率与生产力而一步步地改进着。

在众多的器械中，NC（numerically controlled）的加工器械最具划时代的意义。以前只能靠职人们的经验与直觉才能呈现出来的微妙造型，通过这台机器可以完全转换为数字化，对提高生产力有着巨大的贡献。

大多数NC加工器械都改进为由电脑控制的CNC（computerized numerical control）加工器械后，可联结Auto CAD系统，能够高效地加工出形状精密的制品。下图所示的MacBook Pro就是利用这种技术加工而成的。因为有了电脑的控制，可以精准地掌握产品的重量，满足了人们对产品"又轻又结实"的需求。

不管削形器械再怎样发展，制作出来的形状毕竟是有限的。不过也因为都是圆与平面等相结合的结构，有着造型简单清晰的特点。

苹果的MacBook Pro的外壳部分就是削形加工而成的。

材料与设计

●第1节 脱模

A（年轻设计师）： B工程师，我想请问您，用铸造成型的方法来做这个骰子状的扩音器能行吗？

B（经验丰富的工程师）： 这有点困难呀。因为要有拔模锥度才可以。什么？你不知道什么是拔模锥度！？

A： 也就是说用铸造成型无法加工出立方体来对吧。我再重新考虑一下形状。

B： 对呀，你再考虑看看。还有啊，不要给我under cut（倒扣）的形状。

A： 什么是under cut？

拔模锥度

若把立方体的铸件所有的面都做成垂直的角度，在定型后会无法脱模。因为模具和制品间会产生摩擦。如果做成一定的斜角，在脱模的时候就很容易了。这个角度就叫做拔模锥度。如果观察身边四角四面的物品，就会发现会有细小的脱模斜度。

正常的立方体无法
从模具中脱离出来

Under cut（倒扣）

还有一种比四角四面更不好脱模的形状，叫做under cut。Under cut的形状都是用在需要分左右的复杂造型上。加工这种部件会耗费成本，因为会牵扯到设计部门的责任，一般都会被否决。

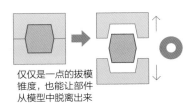

仅仅是一点的拔模锥度，也能让部件从模型中脱离出来

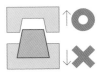

由于是under cut的形状，导致部件无法从模具脱离出来

●第2节 加固

A：B工程师，我这次想用薄型金属来做产品的外装。

B：如果结构没有一定厚度的话，记得设计的时候重新考虑一下boss柱和肋骨状结构的位置，还有整体的体积。

A：我确实在考虑boss柱的位置，肋骨状结构也一定要有吗？

B：没有的话就保证不了强度，万一出现了变形，就成不了商品了。

料厚

料厚这个词有两种使用方式。一种表示部件的厚度，另一种则表示部件过厚。前者可以说"这厚度不足啊"，而后者则用于"这可做不了那么厚的部件"。在铸造部件的时候，经常会使用"料"这个字。比如"余料"或"缺料"等用法。

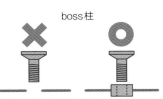
boss柱

左/在没有厚度的面旋入螺丝，因为无法充分接触螺纹，保证不了强度。
右/添加了boss柱后，便可以充分地旋入螺丝了。

肋骨状结构

左/若只是单纯的板状，就容易弯曲变形。
右/用肋骨状结构来加固。

Boss柱

在部件薄的部分旋上螺丝时，只能接触螺丝的两圈螺纹。为了不出现这种情况，于是就在旋入螺丝的周围铸造boss柱，来增加强度。

肋骨状结构

这种结构是用来增加强度的。在铸造部件时，并不是把另外的部件安上去，而是用所加工的材料本身做成具有突出来的肋骨形状。发动机组就由很多这样的结构组成。一来增加强度，二来还可以防止弯曲变形。

弯曲

像拉模铸造而成的铝制品，体积大且平展，有易冷却的部分和不易冷却的部分，铝材不能同一时间凝固，容易弯曲。尤其是料的厚度不同的情况下，就更容易发生弯曲的现象了。所以需要添加肋骨状结构，让薄厚统一，防止弯曲。

学习金属的基本常识—5／通过氧化丰富外观

决定产品质感的最关键部分要看表面肌理如何表现。
肌理加工方式中最常见的要属阳极氧化处理。

材料的表面处理分为三类。分别为：①通过阳极氧化、氮化等化学反应改变材料肌理。②通过研磨等物理方法对材料表面进行装饰。③用其他材料进行镀膜、涂装。

在这里，要讲解的是①的阳极氧化处理方式。

适应多种颜色的阳极氧化处理

首先以苹果的"iPod nano"所采用的阳极氧化为例来进行说明。

阳极氧化处理，简单来说就是通过在水中发生电解反应让材料表面被氧化。水电解后，阳极（＋）产生氧，阴极（－）产生氢。这时金属材料作为阳极就会与产生的氧发生氧化反应，从而表面形成氧化膜。

这一处理方式叫做阳极氧化处理，材料表面形成的氧化膜被称为

"阳极氧化皮膜"。适合阳极氧化处理的金属有铝、钛、镁等。今年也有一些产品尝试在不锈钢表面进行阳极氧化。

经过阳极氧化处理的表面，会形成一层由纵向排列的细长小孔组成的多孔质层。这样的表面易被腐蚀，所以要在阳极氧化皮膜的表面用蒸汽或沸腾水进行封孔处理，来确保高耐腐蚀性。

通过以上步骤加工得到的皮膜透明性高，在设计方面，有着易染色着色的优点。具体来说，就是在阳极氧化皮膜的微小的孔内，让金属结晶化，利用电解着色法进行着色。

苹果的iPod nano机身就采用了经过阳极氧化的铝。再加之阳极氧化膜的易着色特性，实现了多彩的外观。

苹果的iPod nano。经过阳极氧化的机身是它的一大特点。

一听阳极氧化处理，也许大多都会浮现手感粗糙的印象。但是苹果以其独特的表面加工方式，在氧化处理前后进行了细致的研磨，不仅让产品体现了铝材的质感，并且在不使用一切上漆与涂层的情况下，还让产品拥有了富有光泽的特殊质感。

经过阳极氧化处理的铝，一般称为耐酸铝，是开发这一技术的理化学研究所注册的名称。阳极氧化处理以外，还有利用化学方法直接让材料表面发生变化的钝化、氮化处理等表面加工方法。

学习金属的基本常识—6／镀金加工等

镀金加工既增强美感又提高强度，
具有多种加工手法与应用领域。

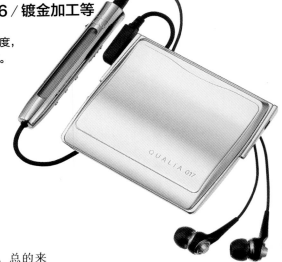

索尼曾经发售的一款便携式
MD播放器"QUALIA 017"。
就是在黄铜材料上镀了一层
重金属钯，来展现它的高级
质感。

[金属篇]

镀金其实有很多方式。总的来说分为湿法与干法。

湿法与干法的大致区别

以前讲到镀金，大多指湿法中的电气镀金。电气镀金的时候，把想要处理的材料表面设置在阴（−）极，把要镀上的金属设置在阳（＋）极，浸在水溶液中通电。于是阳极的金属就会变成离子，附着在阴极的材料表面上。这就是给阴极材料镀金的步骤。

这种电气镀金的方式，当然只能适用于能够导电的金属。但是也有很多金属以外的材料需要镀金装饰。

例如，汽车的轮毂罩大多都是金属的光泽，但其实大部分都只是在塑料的基础上进行了镀金加工。

轮毂罩这样的塑料材料，由于不导电，不适用于电气镀金。于是，便有了相应的无电解镀金。它是利用化学反应来完成的化学镀金。先在不易导电的材料表面，用化学镀金的方式为其覆上一层金属薄膜。有了这层能够导电的金属薄膜就可以进行电气镀金了。

最近上述的这种化学镀金方法

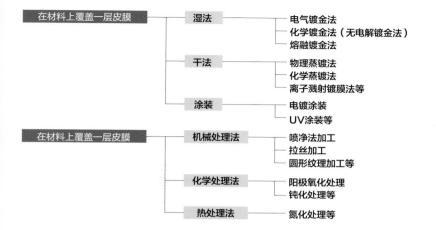

变得非常流行，现在只要一提镀金，指的就是电气镀金和化学镀金两种方法了。这两种方法都要在所谓镀金浴的这种溶液中进行，所以也被称为湿法镀金。

与湿法相对，不使用溶液而直接在空气中进行表面处理的方法称为干法。干法又分为蒸镀法与溅射镀膜等方法。

从轮毂到IC，镀金的用途多种多样

作为设计师，需要理解各种镀金加工手法的特征，从中选择最合适的方法进行设计加工。不同的方法需

要不同的处理温度。所以必须事先了解清楚被镀金的材料能否抵抗镀金时的温度。

电气镀金多用于装饰。例如，家居和门窗隔扇等的把手，经常使用铜与锌的合金黄铜。这样的部件就会先镀上一层镍，然后再在上面薄薄地镀上金或银。

摩托车的排气管也会注重装饰性，经常要镀上一层硬质铬。因为硬质铬可以表现闪耀的金属光泽。还有像镁合金制成的轮毂等，在轿车和自行车的定制部件中经常利用电气镀铬来达到装饰的效果。

学习金属的基本常识—7 / 研磨润饰

进行研磨加工不仅仅是为了让制品的表面平滑，
同时还能制作出丰富的表面肌理。

前表面进行了发纹加工的索尼数码相机
"DSC-W320"

接下来就讲一讲在材料表面通过物理加工来进行的装饰——发纹加工、圆纹加工。

被研磨的表面可以吸引人们的目光

发纹加工如其名，就是在材料的表面研磨出像发丝一样的连续细纹。可以抑制光的反射，让制品展现出沉稳素雅的质感。

圆纹加工则是在材料表面研磨出无数个紧密的同心圆。又称SPIN加工。加工后表面反射出的光线成放射状，在视觉上很吸引人。圆纹加工经常用于装饰随身听的音量调节旋钮。

此外还有一种物理加工方式叫做喷砂加工，用压缩空气把砂子或细小的钢球吹在材料表面来磨掉光泽。

操控面板部分进行了圆纹
加工的索尼随身听"NW-
S740系列"

前表面进行了喷砂加工的索尼数码相机
"DSC-W380"

材料与设计

●第3节 接缝处

A：B师傅，您做得这个试作品怎么又有分割线又有毛边呢？

B：啊，那个呀，毛边倒是可以解决掉，分割线是肯定会留下的。

A：这样啊。可是分割线要是去不了，这个设计就没有意义了呀。

B：那就只能通过上漆或者打磨来解决了。

A：我想尽量展现材料本身的特质，所以还是用打磨的方式吧。加上打磨成本会增加多少？

分割线

　　用铝、钢等铸件制作造型的时候，会用2个以上的模具（金属模具、砂铸模具）拼合起来使之成型。模具之间即使拼合得再紧密也会留下一道痕迹，也就是分割线。如果想要去掉分割线，只能锉平或者抛光。在为了表现材料本身的特质而省略涂装步骤的时候，分割线就成了最大的问题。

毛边

　　如果模具接合处的缝隙过大，融化的材料就会从缝隙中溢出来，最后接缝处就不仅仅是分割线的问题了，而是形成了毛边。当然一般的做法是在后续的工程中把毛边去除，不过故意把毛边做厚也是一种解决方式。因为毛边的问题在于边缘很锐利，容易划伤用户。有了足够的厚度的话就不用担心了。毛边也是设计要素的一部分。

玻璃瓶身纵向的分割线

●第4节 边缘的处理

A：我希望这个扩音器的边缘可以做成一条精确的直线。那样会显得很锐利很现代吧。

B：我理解你说的意思，可是加工起来很困难哦。一般都是要在棱线处设置一个倒角R的，你要是想要突出边线的话，做一个C面如何？

A：做成C面变成两条边线的话就没有意义了呀。另外我也不用涂装或镀金，就直接用铝本身的质感。而且制品也不需要很高的强度。

B：这样啊，要是做成像你说的那样，我可以再重新考虑一下。剩下的问题就是，要如何预计金属模具的寿命和制品的组件数。

R

企图以造型优先想要制作出"棱线分明"的制品，这会在工厂遭到大反对。原因是，金属模具的寿命会缩短，镀金涂装也会变得困难。即使能加工成型，过了5年边缘处的涂料就会开始剥落，以致招来用户们的抱怨。解决这个问题的办法就是在边缘处做一个很小的倒角。因此在图纸上就有了一个圆弧的半径R，加工时这个圆角的部分也就叫做R。凹面的边线如果做得很锐利不仅会积攒灰尘，还可能产生龟裂，一定要注意R的设置。

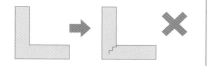

R处理

C面

C面的存在同样是为了圆滑边缘。不过C面是平面而非曲面。就像为了防止关东煮里的白萝卜被煮裂，会在边缘处切个斜面出来一样，C面也是一个道理。不过因为仅仅是用2条棱线代替1条棱线，完成的效果不及R处理。

C面处理

[金属篇]

高光泽铝 / 佳能・神户制钢所

出自设计师之手的色泽明亮的铝材

数码相机的历史同时也是金属材料的开发史。

让我们来纵览一下材料开发的惊人变迁。

2003年10月开发的L系列初代模型。佳能公司与神户制钢所共同开发了高光泽铝，为了让每种颜色的表面肌理都不相同，可是花费了相当的时间与成本。

高光泽铝"5X30"

神户制钢所应佳能公司的要求，开发出了高光泽铝"5X30"（照片左），这种材料被使用在了IXY DIGITAL L上。比起经常被用于光学、电子机器的1000系（照片右），"5X30"的金属结晶要大一些，且各结晶粒的尺寸相似。因此在经过化学喷砂处理后，结晶粒的轮廓清晰地显露出来，会像镜球一样均一地反射光线。

佳能公司在2003年开发IXY DIGITAL L时，设计师也参与了其铝材的开发。

神户制钢所的开发者在回忆高光泽铝"5X30"的开发过程时说道："当时还是头一回在开发初期就和设计师商讨进程。"

当时佳能公司想用铝材来制作新型数码相机的机壳，于是神户制钢所在考虑了强度、成型性、光泽等方面后推荐了既存的用于汽车的铝板。

超越常识的材料开发

但是佳能的设计师并不满意那种铝板的光泽，希望能有光泽度更高且具有强度的铝材。于是神户制钢所便调节了热处理和压延的条件，减少了硅和铁等不纯物质，开发出了新型的铝板。这种铝的结晶粒大小仅有40～50μm且尺寸均一。在经过喷砂处理后，会展现像镜球一样的光反射效果。如图所示，1000系的铝材即使进行了喷砂处理后光泽度也很低，而"5×30"的粒状则显得格外清晰。

从铝材的常识来讲，考虑到加工性的问题，铝的结晶粒应该是越小越好。神户制钢所的开发者们能够抛弃这种常识，生产出结晶粒稍大且尺寸均一的铝材，要多亏设计师的提案。在设计师的意见下，他们进行了无数次的修改，高光泽度的铝材才得以渐渐成形。开发者们对设计师的这种能够在脑中具化还未存在的东西的能力很是佩服。

与设计师一同进行材料开发的时代便从此开始了。

5X30

1050-H24

经过化学喷砂处理后金属结晶的不同

不锈钢加工❶／佳能

使不锈钢显白的银

佳能在2004年公开了数码相机"IXY DIGITAL 30"，同时在这一年，数码相机制造商之间的材料开发竞争也迎来了高潮。

当时的相机专卖店或相机贩卖网站上都会看到这样一句IXY系列的宣传语："本品采用高级不锈钢SUS316"。SUS316是一种含有钼的不锈钢名称，其优点为耐蚀性高。当SUS316成为IXY系列的代名词时，一方面意味着材料的性能高，另一方面也暗示出这种材料的价格要比SUS430或SUS304等家电日用品中常用的不锈钢材料要贵。

材料是品牌的关键

考虑到性能和价格，"用SUS316来制作日用品是不太可能的"（某钢板制造商负责人说道）。不过也正因

此佳能公司从IXY诞生时就开始频繁使用这种材料。

销售时的宣传语中也明确地打出了材料名和表面肌理的名称，用来吸引消费者。佳能公司利用材料的实力在消费者之间建立了产品信赖感与高级感。

佳能在IXY系列的后续开发中，除了继续以不锈钢材料为卖点以外，还在外装颜色和表面肌理上下了一番功夫。最具代表性的要属2004年3月发售的IXY DIGITAL 30a。在这个系列的不锈钢外装上还涂了一层"银"。目的是为了在保有金属质感的同时，还能展现其他商品无法比拟的明亮白

色。这是佳能的设计师辗转了多个工厂才找到的技术。

因为IXY DIGITAL 30a与前一代IXY DIGITAL 30在规格上没有太大差别，所以当初只限定为国内销售。而世界各地的销售商在领略到了它特殊的白色后，争相提出贩卖的请求，于是IXY DIGITAL 30a的产量达到了当初计划的两倍之多。

设计师来掌控材料

从那时至今，是设计师的不懈努力一直支撑着佳能公司用材料塑造品牌特点的商品战略。他们必须经常拜访从事开发新材料、表面处理和加工的工厂，来搜集各种信息。同时为了让制品展现更好的质感，设计师们还要积极地协调材料制造商或加工工厂的制作状况。

生产IXY DIGITAL 30a时，不锈钢的加工和表面肌理的加工是在不同的工厂进行。在此系列开发之前，设计师们要把完全没有交集的这两家工厂联合起来，定期召开会议，让双方进行沟通相互交换信息。

设计师们必须一边扮演着制作人、技师等各种角色，一边参与到产品的实际制作中，让产品自身的材料来感动消费者。

※90页的照片为IXY DIGITAL 30a。

佳能IXY DIGITAL 30a

外装: 不锈钢（SUS316），表面处理: 喷砂处理后，上一层银质的涂层，再上一层透明涂层。下方的相机是没有上过银涂层的IXY DIGITAL 30。

佳能在2004年3月发售的数码相机"IXY DIGITAL 30a"展现普通不锈钢所没有的明亮白色。解说在88页。

颇有人气的DSC-T1的下一代产品，索尼
Cyber-shot DSC-T11。
外装：在不锈钢的表面上利用蒸发镀膜的
方式上一层偏光色的膜，再在上面覆盖一
层透明涂层。解说在92页。

索尼 Cyber-shot
DSC-T1。
外装：对不锈钢（SUS316L）
加以喷砂处理后，再上一层
抑制指纹残留的涂层，机身
的颜色由所上的漆来决定。
为了降低Cyber-shot
DSC-T11的金属感，利用
化妆品领域中常见的上漆法
给机身表面上了一层漆，但
是却出现了掉漆的问题。

材料与设计

不锈钢加工❷ / 索尼

能够实现复杂形状的加工工厂的实力

若想制作出能够让人感动的商品,
必须要考虑如何借助外部工厂的实力。

索尼在2003年11月首次发售了用不锈钢制作的数码相机,Cyber-shot DSC-T1。搭载光学三倍变焦镜头的机身仅有17.3mm厚,正是因为使用了不锈钢材料,机身才能够实现如此轻薄却又不失强度的设计。并且为了突出薄度,相机的侧面还专门设计成了弧形。设计与机能的良好融合让这件产品很快就成为热门商品。以全日本家电贩卖商的销量为数据基础的日经BP·GfK SalesWeek3200卡片机销量排行中,索尼的这款相机从发售第一周(12月)以来,连续20周位列销量第一位。

这件商品能够如此热门,在加工方面要多亏东京都大田区的磐田电工。设计DSC-T1的设计师们非常信任这家工厂,认为只有外装加工专家的磐田电工才能实现自己的设计。

在不锈钢上进行R加工实属不易

为了设计出其他公司所没有的设计,设计师们在机身侧面加入了R形状。对于弹性系数很大的不锈钢来说,用深冲压使之变为弧形是非常困难的。因为压过之后的钢材会渐渐恢复原形,很难得到预期的效果。设计师们想到的解决办法是让R形状的不锈钢两端留出1mm的平面,便可以抑

圆柱、表面素材开发所带来的教训

90页的"IXY DIGITAL 30a"和91页的"DSC-11"都是利用不锈钢材料表现出了超乎不锈钢质感的明亮颜色。并且两款相机都是在2004年发售。

凑巧的是，这两款几乎同时发售的相机都出现了机身的表面处理不得当的问题，不得不中断发售。IXY DIGITAL 30a 因为装在配套的皮质壳子里，壳子与机身表面的银发生反应产生了黑点。

于是在确认了具体问题后，把银换成了铑的镀漆。

DSC-11则是因为在蒸发镀膜时，与底面材质的密着性不够，出现了掉漆的情况。于是重新选择用烤漆的方法来涂装。看来为了验证新的表面处理方式是否合理，要做好会花费大量时间的心理准备。

制钢材恢复原形。可是这种精妙的加工要求让很多不锈钢加工工厂望而却步，只有磐田电工承接了下来。

其实磐田电工除了为索尼的产品进行加工以外，还接受了佳能、京瓷等公司的数码相机设计师的委托。在以中国为首的世界各工厂的竞争下，磐田电工用自己一路磨练出来的技术在价格以外的方面确立了自己的优势。

制造商之间的材料加工信息战

现在的各大制造商，都希望先他人一步找到拥有自己独特技术的工厂，并为了取得工厂的协助而针锋相对。多数商家都认为，自己与这种工厂的专属联结是让产品能传达出感动的生命线。

材料与设计

镀黄金 / 佳能

得到52%用户支持的"玫瑰金"的魅力

加入了当前流行的金色元素后，
数码相机变得更像装饰品。

[金属篇]

佳能的数码相机"IXY DIGITAL L⁴"的其中一款颜色"twilight sepia"。是棕与金的结合。

家电设计也变得像汽车设计一样，专门负责颜色开发的设计师渐渐成为不可或缺的存在。佳能公司也在培养着这样的设计师。他们不断地提出了广受女性好评的颜色方案。

2006年10月发售的"ＩＸＹ ＤＩＧＩＴＡＬ L⁴"在设计时，尤其重视颜色的开发，以"twilight sepia"为当时的主打颜色，希望商品给人留下特别的印象。

工业设计中有关金的设计都很难

已在时尚、贵金属等领域里颇受青睐的金色在当时的工业制品中还未流行起来。因为这种颜色既显眼，又容易变得艳俗，要把这种颜色用于日常的工业制品中实属困难。

不过其实数码相机也是时尚元素之一，脱离俗气又广受现在女性们喜爱的金色到底是什么样的呢？为了一探究竟，设计师在银座和丸之内的时装商店、巧克力甜品店等门前伫立数时间进行观察，得出的颜色结果是，稍带一点粉色的玫瑰金。

为了制作出和想象中最接近的玫瑰金，佳能的设计小组在数十个颜色仅有细微差别的样品中进行了颜色调整（如左图）。这种金色对于设计师来说还是未知的存在，好在设计师们取得了在镀金工厂里负责装饰品加工的女性员工的协力，在她们的帮助下完成了开发。

商品的表面使用真金来镀层，可是真金自体很软，镀层的强度无法满足佳能公司的标准。于是就在真金的镀层上又上了一层涂层。为了让这层涂层不剥落，制作开发一直持续到了发售日之前。

另外因为镀金后的表面很容易暴露出基底的材质，为了让制品表面更加富有光泽，在制作的时候要先把在中国出产的金属模具运回日本，把模具的表面进一步打磨后加工成型。这样从里到外都体现了镀金的高级质感。

这款颜色的相机销量超乎开发人员的预期。在4款颜色的相机中，"twilight sepia"的销量占全体的52%。可见消费者们对金色的需求要比制造商们想象的高。

材料与设计

黑色的表面处理 / 索尼

同样的颜色也会因表面肌理不同而展现各异表情

同为黑色的产品，通过体现不同的材料质感，
可被分为3种商品群。

卡尔蔡司镜头

G镜头

手工艺人一笔一笔刻出的
滚花纹

镜头外装为经过耐酸铝处
理后的黑色

镜头前端是经过耐酸铝处
理后的黑色

镜头的外壳为配合机身材质
进行了仿皮革加工

索尼的数码单反相机α系列中，有α镜头、G镜头、卡尔蔡司镜头这三种。不同的镜头各表现出独特的黑色质感，演绎高级品味。

α镜头

索尼的数码单反相机α系列中设置了三类交换镜头。不同级别的镜头有着不一样的黑色质感。

比如最高级的"卡尔蔡司镜头"，希望它能给人留下镜筒中仿佛嵌入了玻璃的印象，为了实现这一硬朗的质感，设计师们决定在镜头的外壳中使用经过耐酸铝处理后的金属，并在其上刻出滚花。

中级机种的G镜头则是只在前端部分进行耐酸铝处理来展现精致的形象。镜头外壳的其他金属部分加以仿皮革纹样加工，让镜头与机身的样式配合起来，体现高级质感。索尼用黑色表现演绎各异品味，突显了三类镜头的不同特征，更是提高了用户使用原厂镜头的积极性。

黑色的特征是虽然没有颜色上的冲击性，但因对光的反射率高，会格外显眼，且容易展现材料质感。也正因此，在用黑色表现质感时，要特别注意加工方式，绝不能偷工减料。

不同材料的区分使用 / OLYMPUS IMAGING

突显专业感的金属加工

OLYMPUS IMAGING并没有新型的材料使用法和加工法，
而是凭借娴熟的加工技术，制作出精妙的制品。

〔金属篇〕

**金属部件❶ 发纹加工
后的不锈钢**
和机身右侧❹使用同样
的不锈钢

Ⓐ磨光加工
为了能让模式拨盘的
凹槽表现出整洁感把
形状做成了圆柱形

金属部件❷❸ 易加工的铝
采用易加工的铝来制作拐
角处的纤细曲面

金属部件❻ 镜面不锈钢
完成抛光研磨的镜面加工后，
用激光刻印商品LOGO

金属部件❺ 铝
液晶屏幕的周围也使用
了铝

OLYMPUS IMAGING在
2009年7月发售了数码相机
"PEN E-P1"

**金属部件❹ 发纹加工后的
不锈钢**
在不锈钢表面上了一层透明
涂层，可以看到若隐若现的
少量金色

在数码相机的领域中，大家都会追求崭新又漂亮的表面处理法。不过有这样一个案例，不求耳目一新只求把材料本身的质感发挥到极致。

制品开发时的预算总会被削减是当前的现状，与其硬要在制品表面进行涂装加工并花费大量成本，不如直观地展现材料的魅力，也许更能传达出设计上的优良质感。

减轻R的处理让其更有复古的味道

遵循这样的设计想法便有了OLYMPUS IMAGING的数码相机"PEN E-P1（以下简称PEN）"。打破以往可换镜头的数码相机都是黑色的固有概念，OLYMPUS IMAGING推出了白色与银色两款机身。

PEN的设计着重激发消费者的二大感受。一是"这像是一款可以拍出好照片的相机。"二是"这像是一款能够长久使用下去的相机。"

于是设计师们认为为了达到上述这两点，必须让相机有一种冰凉的触感，且在拿到手的一瞬间会让人感到沉甸甸的，以此来体现相机的高级质感。而选择银色则是为了突显相机材料的金属性。集合了快门按钮和电源按钮的相机上表面，棱角处稍作圆滑，平面的两端微微下倾，形成了一个平缓的曲面。相机的设计并不死板地追求锐利，表现出了复古的味道。

机身上部的曲面形成了清晰的阴影，为了强调"不同的角度有着不同表情"的造型，从而选择了金属中辉度最高的铝。铝是金属中最柔软的材料，冲压加工的精度也高，可谓是最合适的选择了。

铝可以表现出金属被削形后的干练造型。于是便把这一点利用在了模式拨盘的加工（**Ⓐ**）上（如左图）。在相机的肩部挖出凹槽露出拨盘，突出拨盘边缘的厚度。

此外，不锈钢的发纹加工从机身的侧面一直延伸到正面，这种金属部件的加工主要体现在了相机外观的6个地方（如照片中金属部件**❶**~**❻**）。这是一般相机的制作常识中所无法想象的个数。

相机在使用时难免出现划痕，有些相机只是在树脂表面镀一层金属或是上金属涂漆，若被划伤的话，涂层就会剥落，会让人失去对相机的喜爱。而OLYMPUS IMAGING的金属机身在磕磕碰碰之后会更让人产生怜爱之情。

材料与设计

[金属篇]

金属加工 / 苹果❶
打破常识的金属加工技术

苹果公司突破常识的局限，开发出不单单依靠冲压或压铸成型的新型加工法，实现了前所未有的设计。

　　说到苹果制品的外装材料，最有名的要属铝了。苹果公司把铝板材加工削形，制作出单片式壳体（unibody），来表现制品的简洁与干练。本书对苹果制品进行了分解、横断后，明了了其内部构造，意识到苹果产品拥有急速进化的削形技术。

　　左上方的照片是初代iPad的壳体内侧，可以看到有分层的痕迹，这是在壳体正上方粗略削形而成的。而下方照片中的iPad 2，则几乎看不到被削形的痕迹。并且还利用了侧边切胚机的特殊钻头，制作出了许多咬边（undercut）的部分。于是壳体变得更薄并减少了零件数。

　　把这个新型的加工技术发挥到极致的制品是Apple Remote（左页右

（照片: reuters / aflo）

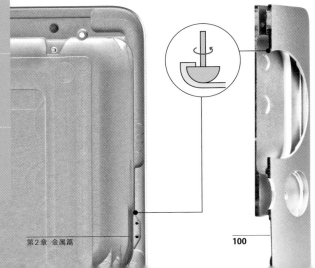

苹果公司最擅长的金属削形技术日益精进。初代iPad加工时从上方垂直削形（左上照片），而从2010年起，利用皿形或碗状的刀刃削出"コ型"的加工技术开始得到积极的采用。

下照片）。它的壳体没有任何接缝线，是一片完整的金属。让人忍不住思考到底是如何组装内部零件的。通过观察可以推测到，应该是在壳体上事先开好操作部和电池位置的5个孔，用上述的侧边切胚机削出内部空间，最后再把基板等部件安装进去。

另外，除了单片式壳体的设计

外，苹果公司还特别重视用激光机加工的设计。激光会射出无数个肉眼无法分辨的小孔，从孔的背面打出光来，就会有突然凭空泛出光线的效果。苹果公司还自己购买了激光加工机、切削机。把这些设备借给协力的加工工厂来完成生产，苹果公司自主承担风险并完成了设计。

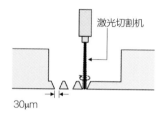

30μm

苹果公司还把这种被激光切割机加工后泛出光线的效果活用在了苹果LOGO等面积更大的地方。

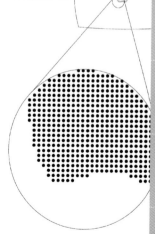

精致到细部的加工让苹果有了独特的利用错觉的设计。用激光切割机穿出无数个肉眼无法辨识的30μm小孔，从内部打出光来，好似金属凭空生出了光线。

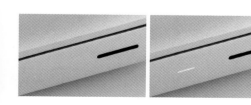

材料与设计

[金属篇]

表面处理 / 苹果 ❷

苹果的表面处理如此地追求极致

MacBook、iPad等制品采用的铝材表面处理法，体现了苹果公司对质感表现的极致追求，这是日本制造商所无法比拟的。

实现苹果产品"干练"形象的另一大技术为铝表面处理技术。为了直观地表现出材料特有的美感，无论多细小的部分都要进行彻底的考量。

例如MacBook Air。这件产品实际利用了两种铝材。底面使用的是A5052，加工性和强度相当，是很好的压延材。但是这种材料在经过阳极

氧化处理后会稍稍变暗，若加以喷砂处理，则可能会在压延方向上出现道痕。于是在需要突出设计性的部分便改用A6063，虽然它的加工性低但色泽明亮，喷砂加工后纹理均一。这体现了苹果公司在选择材料时的细心。

另外还能体现苹果执着于"干练"造型的，要属iPod nano上使用的

根据部位不同铝材的种类也不同。

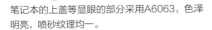

笔记本的上盖等显眼的部分采用A6063，色泽明亮，喷砂纹理均一。

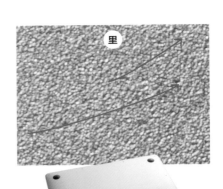

背面采用加工性良好的A5052，颜色稍暗，喷砂纹理不均一。

iPod nano的表面。阳极氧化处理后，散发出独特的光辉，并实现了光滑的触感。苹果公司开发出了不在制品表面做一切涂漆修饰也能表现质感的技术。

色彩性的阳极氧化处理。

　　苹果公司想要让制品的表面既表现出铝材的质感和鲜亮的色彩，又能展现出珠宝一样的透明感。一般来讲，上一层涂料估计就可以解决了。但苹果没有用"涂"一层其他物质的方式，而是如右图所示，进行了"彻底研磨"。这样的加工步骤会增加工期和成本，日本现在还无法做到。可是不做到如此的极致，又怎能满足眼光挑剔的消费者们呢。

● 在iPod上使用的铝材表面处理事例

1 准备材料
选用挤压成型用的铝材A6063，其最适合进行阳极氧化处理。挤压成型后的表面很粗糙。

2 彻底打磨表面
由机器进行17秒的自动抛光研磨，每重复一次抛光要更换研磨材料，共持续6回。之后为了消除研磨的痕迹，再手工打磨两次。第一次持续60秒到90秒，第二次持续40秒。

3 做出纹理
进行碱性蚀刻等化学处理和表面喷砂处理。通过这一步骤可以展现铝材独特且耀眼的扩散光。

4 化学研磨
用酸等化学方式进行研磨，使上一步骤得到的表面纹理更圆滑，让扩散光更加闪耀。

5 阳极氧化处理
先形成氧化皮膜。皮膜的厚度控制在能够保持透明度的15μm左右。膜下的金属则与皮膜的纹理一致。

6 染色与封孔处理
进行染色的时候，要严格控制染料的温度和pH值，并用分光光度计核对颜色。

7 研磨氧化皮膜层
使用把碎核桃壳当做磨料的滚筒抛光机或皮革抛光机等器械进行研磨加工，仅让氧化的皮膜层变得平滑。

注：日经design根据专利资料制作而成

钛 ／ 索尼 "PCM–D1" ❶

提高材料性能与感性价值—1

对于不同金属，需要恰当地使用其相应的加工方式，
其性能才可得到充分发挥。

索尼的Linear PCM Recorder "PCM-D1"，性能极高，在没有空调的房间里甚至可以把心脏跳动的声音都录制进去。为了让麦克风收录进接近原声的清晰声音，索尼倾注了一切进行开发，这款录音机没有任何无用的机能。但是它的价格也不菲，高达20万日元，想要购入还是需要勇气的。

但是这款商品在2005年11月一经发售便达到了供不应求的好销量。直至2012年3月，仍然作为经典款在贩卖中，可谓市场上的常青树。

当时开发PCM-D1时的市场定位只是作为2005年年末将停止生产的DAT recorder的换代产品。索尼的DAT recorder在1997年发售，目标人群是那些需要用街道声音作为样本的录音师，以及喜爱记录电车声和鸟鸣的爱好者们。DAT recorder以高音质为主打，每月都有数百台的稳定销量。

但是对高音质的需求，不仅仅是那些执着的爱好者们，还有希望可以轻松录音发布播客的人，和想把自己的演奏清晰地录制下来的音乐爱好者们等等。有很多人都需要高品质的声音来满足自己的听觉。

于是为了实现这种感性的品质，开发小组对材料进行了细致的考量。专为PCM-D1开发的麦克风壳体，选择用黄铜来加工，让零件间的距离仅有100μm。正因为这样的高精度，仅靠金属部件就可以组装起来，避免了使用会吸音的软材质。

麦克风的保护框为不锈钢制，机体的其他部分还分别用了镁和钛。在收录大音量的声音时，机体不会产生共振干扰录音。

此外PCM-D1有着象征今后索尼品牌的可能性，因为它的机体使用了热门材料——钛。下一页就来详细解说金属钛。

IC Recorder从材料的开发到设计都把实现高音质作为第一任务，它省去了电动机减少了噪声，并做到了麦克风与机身一体化的结构。

钛 / 索尼"PCM-D1" **❷**

提高材料性能与感性价值—2

能够代表自己品牌的材料是什么呢。
对于索尼来说便是金属钛。

❶不锈钢：为了实现用不锈钢加工出麦克风保护框，专门加工手表腕环的工厂进行了新的开拓。

❷黄铜：用黄铜削形而成的两支麦克风互成90°倾角，通过尽可能地让两支麦克风接近，使收录进的声音密度高且立体。

❸钛：在镁制框架上覆盖一层钛的外壳。

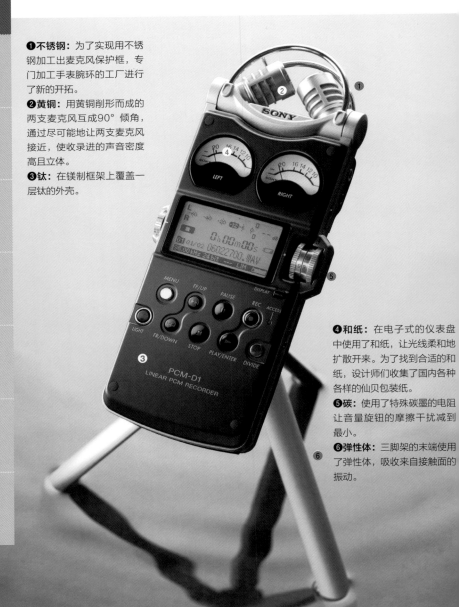

❹和纸：在电子式的仪表盘中使用了和纸，让光线柔和地扩散开来。为了找到合适的和纸，设计师们收集了国内各种各样的仙贝包装纸。

❺碳：使用了特殊碳墨的电阻让音量旋钮的摩擦干扰减到最小。

❻弹性体：三脚架的末端使用了弹性体，吸收来自接触面的振动。

从事制品设计和负责采购材料与零件的开发者们说，PCM-D1的外装材料"Super-PureFlex"钛，与PCM-D1的合适度之高就好似专门为它存在的一样。索尼公司与新日本制铁以及擅长冲压成型的岩崎精机3家公司进行了常年的研究与开发。

钛的比强度[*1]很高，用它作为外装材料不仅可以减少划痕的出现，并且在收录大音量的场合也不会振动。钛金属100%可回收，也不易引起金属过敏，甚至还有抗菌性。由于它的耐蚀性高，所以不需要像镁金属那样外层还要涂上很厚的漆，可以展现金属本身的质感。

虽然钛金属有着这些长处，但利用钛作为外装材料的实例还很少。因为在实际加工时都遇到了一个瓶颈，那就是钛在量产时的加工性。通常的钛在冲压成型时，会因烧灼使表面硬化且变得平整不一。所以在加工钛金属时需要特殊的工程。"NW-MS70D"便是通过10步以上的工程花费了大量时间才得以成型的。

PCM-D1所使用的钛，由于重新研究了它的原子结晶构造，在加工时抑制了烧灼的产生，使得生产1mm厚的钛只需5步便可成型。

在基材表面通过离子电镀法[*2]覆盖上一层碳化钛，这要比氧化后的铝表面硬度强10倍。即使用日元硬币去刮，划伤的也只能是日元硬币。根据离子电镀中所使用的气体不同，还可以生成香槟金和蓝色，展现氧化处理所不能表现的深色魅力。

目前除了PCM-D1，索尼旗下的录像机等高端商品也使用了钛金属，致力于让商品拥有能够让消费者一生都珍惜使用的价值。

[*1] 比强度：材料在断裂点的强度（拉伸强度）与其密度之比，这个值越大说明材料越轻且强度越高。参照69页。

[*2] 离子电镀：等离子蒸发镀膜法的一种，把电离后的金属镀在基材表面，形成高硬度的金属膜。

Diamond·Like Carbon（DLC 类金刚石镀膜） ／ 卡西欧

计算机公司"G-SHOCK MRG-7500"

最强设计回归黑色

只有DLC的强度才能符合G-SHOCK的品牌质量。

先使用深层硬化处理法，让氮原子和氧原子同时浸入材料进行氮化热处理，然后再在其表面进行Diamond-Like Carbon（DLC）硬质膜加工，增加材料表面强度。

经过Diamond·Like Carbon（后简称DLC）处理过的表面会展现一种像被烟熏过一样的亚光黑。卡西欧计算机公司在2007年3月31日发售的"G-SHOCK MRG-7500"上就运用了这种表面处理法。

DLC如其名，是一种类金刚石的碳材料。它的碳分子的排列又稍稍不同于金刚石，呈非晶质状，可利用蒸发镀膜的方式覆盖在钛的表面上。这样加工出的镀膜可以说是工业材料中最坚硬的了。

金刚石耐磨且表面光滑，兼有这样性质的DLC既可用于提高模具强度，还能作为镀膜覆盖在引擎的活塞上，提高能源效率。

并非执意要用黑色

1983年发售的G-SHOCK用黑色聚氨酯当做保护外框让内部零件免受冲击。聚氨酯材料可谓是当时G-SHOCK的特色之处，它所塑造的坚实形象一直延续至今。

而1996年变身为全金属的"MRG-100"登场了，产品表盘外壳与表带都用金属材料制作。这一系列为了追求强度的表现持续进化了10年。于是便有了今天的DLC处理过的黑。

卡西欧计算机公司在2004年发售的手表"G-SHOCK MRG-2100"首次使用了DLC处理。在这之后，卡西欧并没有满足于当时的DLC强度，并一直持续着材料开发。

例如同在2004年自MRG-2100后又发售了MRG-3000。这款产品使用了混入锆的钛合金，使其强度更高，并在此基础上进行了DLC处理。不过因为原料成本高、材料不足等影响，

❶ＤＷ-8200Ｚ。1997年发售。G-SHOCK系列首次使用钛金属，当时仅用于表盘外壳材料。
❷MRG-2100。2004年发售。在钛金属的基础上又进行了DLC处理，增强了其耐磨耗性。
❸MRG-3000。2004年发售。表盘框部分采用了钛锆合金，强度更高。
❹MRG-7100。2006年发售。除使用DLC处理之外，深层硬化处理法还增强了材料本身的强度。

钛合金变得很难入手，于是从2006年开始，变为先使用深层硬化处理法，让氮原子和氧原子同时浸入材料进行氮化热处理，然后再进行DLC加工的方式，来增强材料的强度。

锡 / 能作

既可变形，又能敲出声响，古旧却又崭新的金属

素朴的纹理，清凉的独特质感，
在海外也广受好评。

纯度100%锡制食器
锡材质地软，且有韧性，只要施加一些力就会变形，只要不在同一处来回扭曲很多次，一般是不易折断的。打磨后的锡还有着耀眼的光泽。

重量适中，施加一些力气就会发出"嘶啦啦"的声音并改变形状，这些都是原子构造不紧密的锡（suzu）才有的现象。在金属中能够真正发出声响的只有锡（能作公司的能作克治社长说）。锡是日本自古以来就有的金属材料之一，在宫中会称酒为"osuzu"，并非常珍贵锡制的酒器。锡可以除去酒中的杂味，让酒香更醇厚。并且锡比起其他金属更不易被氧化，具有抗菌作用，还可以用于制作花器和茶壶。

利用湿型铸造法引出锡的韵味

在制作锡制品时，为了增强其切削性，一般会掺入微量的铅。但能作社长说："铅对人体有害，不加入铅的锡还可以作为单一材料回收利用。"在富山县高冈市拥有自己工厂的能作公司，致力于开发100%纯度的锡制品，这也是他们的看家技术之一。

要怎样才能加工既软又韧的锡呢，能作采用的是在钢制品铸造中所使用的湿型铸造法。"一般情况下，铸物在铸造后要先切削修形，然后在其表面做涂装修饰。但是锡却无法这样做。于是我们决定省去切削和修饰的步骤，直接展现锡材粗糙的肌理。"能作社长说道。湿型铸造法是砂型铸造法的一种，需把水混于砂土中制成模具，再让熔化的金属流入模具中铸造成型。湿型铸造法虽然不擅长表现纤细的造型，但很适合多品种生产。

左页照片就是利用湿型铸造法加工出的盘子、酒钵与酒盅。稍显椭圆的造型和粗糙的肌理让产品富有趣味，凛冽的光泽突显了美感。盘子上的细小纹理是用贴有布的模具制作而成的。"如果不能加工出纤细的形状和均一的肌理，那就用素朴与温和的质地来突显特色好了。"能作社长巧取锡的柔软特性，引出了它特有的韵味。

湿型铸造法中，用于制作模具的砂子可以再利用，且加工过程中无需药品处理和热处理等过程，所以成本低是它的一大优点。由于锡的价格比一般金属材料要高，能作社长说："为了控制锡制商品的价格，必须要减少加工的成本，在这一点上，湿型铸造法就很适合。"

又黑又暗的不锈钢也许会成为过去。

114页所示的照片为不锈钢托盘，经过氧化着色后，蚀刻出的波纹状显得更加立体，并随着视角的变化，不锈钢的颜色会稍稍变深或变浅。通常不锈钢与空气中的氧接触后发生氧化反应，在表面形成一层透明的薄膜。而氧化着色则是让不锈钢在加入了化学药剂的氧化剂中长时间浸泡，产生的氧化膜厚度会是通常的100倍，于是便能产生光的干涉现象，让不锈钢有了颜色的变化。

善用不锈钢的质感展现素雅色调

根据浸泡的时间长短不一，氧化膜的厚度就会不同。不同的厚度就会形成黑色、灰色、蓝色、绿色、品红等各种色调。再配合蚀刻等加工，还可以改变局部的颜色。因为氧化膜是透明的，活用不锈钢基材的肌理，能够产生各种各样的效果。例如镜面加工后颜色会更明亮，咬花或发纹加工后的颜色会变得暗哑。

擅长加工不锈钢表面的中野科学的中野信男社长说："由于早晨和中午的气温与湿度不同，加工中的化学药剂的浓度就会发生变化。为了制作薄厚均一的氧化膜，必须要有一定的技术，来测定参数的细微变化。我们公司有着以数据为基础的技术方法，能够量产氧化着色的制品。"

目前，用涂装的方式为不锈钢着色是最普通的方法。虽说氧化着色法会出现色斑，让很多制造商都敬而远之，但同时氧化着色出的素雅色调反而能够成为设计的崭新点。中野科学正在与众多制造商进行共同合作，研究是否可以把这种氧化着色法应用在家电或精密仪器等各种商品上。

另外中野科学还有着在不锈钢的薄膜中掺入染料使其变色的表面处理技术。

※见P114照片

以冰箱为主的众多家电都在使用的不锈钢钢板。

有些人喜欢素雅颜色的不锈钢，就一定会有另一些人喜欢明亮颜色的不锈钢。所以一些商家希望能让比铝材稍显暗淡的不锈钢再明亮一些。为了回应这样的需求，不锈钢钢板制造商——日新制钢便开始出售涂有混合珍珠颜料的清漆的钢板"珠光清漆钢板"。

通过上一层涂料可以使不锈钢更明亮

洗碗机、电饭煲、电烤箱、冰箱、随身听、迷你组合音响等家电都经常使用不锈钢材料来突显高级感。如果仔细观察的话，应该可以发现不锈钢之间的颜色还是有不同的。这些家电大多都使用了珠光清漆钢板。

涂有这种清漆的钢板，在珠光颜料的作用下，会变得明亮一些。此外上漆后还可以抑制指纹的产生。

通过改变清漆的厚度、珠光颜料的用量、两者间的调和这些条件，可以让不锈钢钢板展现各种各样的表情。此外还可利用钢板制造商这一优势，先改变不锈钢自体的色调，再配合各种清漆涂料，创作更多的变化。

不过要注意的是，已经上好清漆的压延板在深冲压加工时，涂层会因拉伸而无法展现好看的颜色。

日新制钢很擅长开发不锈钢表面处理技术，它的子公司则拥有利用真空溅射镀膜来为不锈钢着色的技术。

一提到不锈钢，也许会想象出带有一些铬金属黑色的银色钢材，但这种印象已经渐渐成为过去。不锈钢能够展现的颜色与肌理会变得越来越丰富。

※见P115照片

材料与设计

氧化着色处理后的不锈钢托盘
中野科学还承包钛氧化着色、镁阳极氧化处理等
加工项目。解说在112页

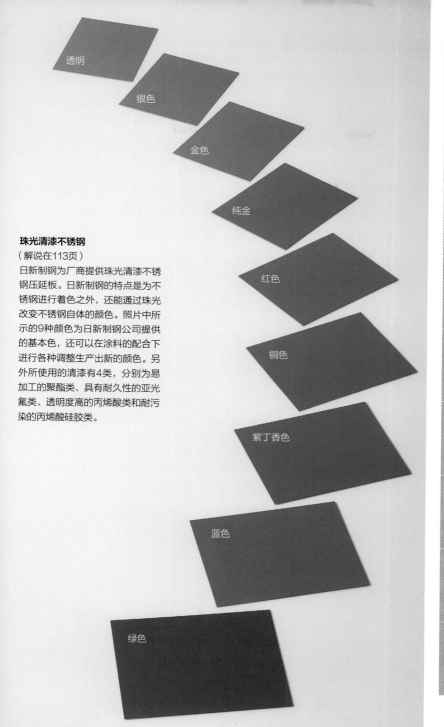

透明

银色

金色

纯金

红色

铜色

紫丁香色

蓝色

绿色

珠光清漆不锈钢

（解说在113页）

日新制钢为厂商提供珠光清漆不锈钢压延板。日新制钢的特点是为不锈钢进行着色之外，还能通过珠光改变不锈钢自体的颜色。照片中所示的9种颜色为日新制钢公司提供的基本色，还可以在涂料的配合下进行各种调整生产出新的颜色。另外所使用的清漆有4类，分别为易加工的聚酯类、具有耐久性的亚光氟类、透明度高的丙烯酸类和耐污染的丙烯酸硅胶类。

让不锈钢具有比iPod还光泽的表面，本节介绍各种不锈钢加工法。

[金属篇]

佳能数码相机、雷克萨斯镜面侧窗框等制品中都用到了金属材料。有些金属甚至可以说是汽车、家电、通信仪器等这些品牌的特色之处。接下来要介绍的就是为这些品牌提供金属的日本金属公司。

日本金属所提供的是一种被称为不锈钢压延板的材料，加工时需把不锈钢一层层卷起来拉伸至很薄。因为在压延的同时可以进行各种表面加工，省去了本应在后续进行的表面处理过程。

例如，右上照片所示为经过珍珠纹理加工（❶）的不锈钢，这种表面处理方式是喷砂加工的一种，在加工不锈钢的同时就完成了表面处理，省去了后续的喷砂步骤。这种表面处理方式不易留下指纹，经常被用在数码相机上。

日本金属还能制作镜面不锈钢。

直接选用镜面性较高的材料，使冲压加工后的研磨步骤化简到最低，节省了成本与时间。根据镜面的光泽度，材料被分成了几个等级。如左下照片名为"BA5"（❷）的镜面不锈钢就被用于雷克萨斯的窗框。

虽然日本金属自己并没有讲到，但根据本书编者的调查，下图照片中间的"BA-U"（❸）与"iPod"的壳体所使用的材料非常相似，又或者根本就是同种材料。而"nano BA"的镜面性比"BA-U"还要优越，已经被使用在了海外品牌的手机上。

通过结合珍珠纹理加工和镜面加工，可以让不锈钢在压延的阶段就拥有各种各样的表面效果。只要肯用心设计并细心加工，就一定可以在保持不锈钢原有质感的基础上，实施富有魅力的表面加工。

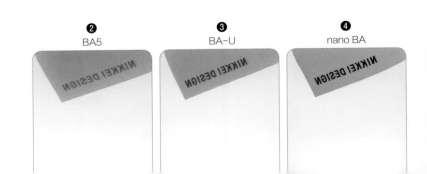

❷ BA5　　　　❸ BA-U　　　　❹ nano BA

❶

❺

【不锈钢压延板的价格】

普通不锈钢	100
珍珠纹理不锈钢	105
镜面不锈钢	110

※以普通不锈钢材料的价格为100来进行比较的结果。不过材料的价格还会因品质保证的等级、运输方式、不锈钢附属保护膜等条件产生变动。

[金属篇]

新潟逐渐成为镁金属加工的重点地区。

新潟县的燕市和三条市作为镁金属加工的重点基地正在急速发展着。虽然同地区作为金属洋食器和工具等产地被人熟知，但销量一年不比一年。于是为了改变现状，镁便成为新的开发点。

利用冲压加工挑战大尺寸成型

擅长模具制造和汽车配件冲压加工的TSUBAMEX目前正在攻克的难题是，如何利用镁金属加工制作大型成型品。加工镁金属时通常是把熔化的材料灌入模具中，再利用压铸或触变注射等方法使之成型。并且处理成品的毛边和填补坑洼处会很耗时耗力，成本也相对较高。TSUBAMEX则从中看到商机，在很早以前就开始致力于开发镁金属的冲压加工。

由于镁金属很硬，不易产生凹陷，很难进行冲压加工。可TSUBAMEX认为："同样都为金属，没有什么不能完成的。"便投身于镁加工的开发中。

"希望有一天能制作出镁金属制的汽车。"因为有着这样的愿望，TSUBAMEX才开始挑战镁金属的冲压加工。如今的汽车开发，被环保意识和燃费等条件鞭策着，针对这些问题，让车体轻量化则成为了解决对策之一。铝制的汽车已经被生产，镁制

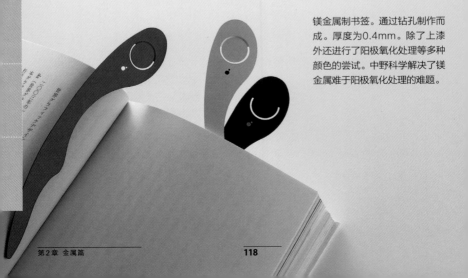

镁金属制书签。通过钻孔制作而成。厚度为0.4mm。除了上漆外还进行了阳极氧化处理等多种颜色的尝试。中野科学解决了镁金属难于阳极氧化处理的难题。

镁金属制立式相框。通过弯曲金属加工出深槽。结构上在保有强度的同时还富有美感。镁板材为1mm厚。

的汽车也在海外被尝试制作着。继续发展下去，镁金属的加工则是很大的商机。但是一上来就用冲压加工制作大型配件是不可能的，所以TSUBAMEX先从小型部件开始，再一点一点尝试着增大成型品的尺寸。在此过程中TSUBAMEX熟知了镁金属的特性，积累了很多性质数据，于是便开始实验性地制作真正的制品。

钻孔、旋拧、弯曲……

实验加工的第一弹为左图所示的书签。在保持均一厚度的同时，还有着平滑的镂空线。制作这一厚度仅有0.4mm的书签，是为了探究在冲压加工的基础上，钻孔加工的可能性与界限。

在展开冲压加工实验的同时，还进行了阳极氧化膜处理实验。这种表面处理效果与耐酸铝相似。虽然阳极氧化处理被认为不适用于大型的制品，但TSUBAMEX还是在中野科学的协力下一步步提高着加工技术。

另外TSUBAMEX还利用冲压加工制作了有着复杂曲线的立式相框（如上图）。曲线造型确保了制品的强度并增加了趣味性。乍一看以为是一款厚重的金属文具，可拿起来后会意外地觉得很轻，还有着冰凉的新鲜触感。

用冲压的方式加工镁金属时需让温度增高到一定程度，但温度过高又会使镁金属膨胀过度。为了掌握温度变化与镁的膨胀程度的细致数据，必须经过无数次的实验反复测量。在这些实验的基础上，TSUBAMEX现在已经能够加工行李箱、发动机罩等大型成型品了。

使铝材等金属与树脂一体化的接合技术。

让铝金属与塑料一体化的成型技术"纳米成型技术"无需任何黏着剂，直接利用嵌件塑模的方式完成加工。例如很多数码相机的机身外装虽然是金属，但内部则嵌入了树脂来辅助强度。纳米成型技术能够仅为必要的部分做最小限度的辅助，这让产品易于做到小型化、轻薄化。

铝+铝的接合也是可能的

在以前用铝制作boss柱和肋骨状辅助结构时只能用压铸的方法，而现在有了纳米成型技术，只要在冲压成型后把树脂嵌件塑模即可。

此外纳米成型技术还可用于铝与铝的接合。这项技术比起压铸成型，不仅能节省模具费和制品费，使成本降低30%，还可以完成压铸成型所无法做到的造型。并且再装配上其他部件时，就如焊接加工一般，从外层不会看到内部的组装痕迹。

那么铝和树脂到底是如何接合在一起的呢?首先要对铝金属进行冲压加工，然后把脱模后的金属进行最关键的T处理加工，得到底切状的纳米小孔。最后把有着这些小孔的铝材放入模具中进行嵌件塑模，让混有玻璃纤维和碳纤维的硬质树脂注射接合于铝材上。

除了铝金属外，镁、铜、不锈钢、钛、铁、黄铜等都可以进行接合处理。另外能更配合接合的树脂有聚对苯二甲酸乙二醇酯（PET）和聚苯硫醚（PPS）等。照片为利用纳米成型技术加工出boss柱的笔记本样品。

纳米成型技术加工出的笔记本壳体样品

纳米成型技术可以在不使用黏着剂的情况下让铝金属与塑料接合在一起。首先要让金属浸泡在特殊的水溶剂中，使其表面产生20nm～30nm的凹凸颗粒，然后再进行嵌件塑模，让硬质塑料注射成型，使金属与树脂在模具中接合。加工铝金属的话，比起压铸成型，可以使成本降低30%，并且还能够制作出冲压成型所无法完成的造型，这项技术在精密仪器和汽车制造领域中备受瞩目。

材料与设计

连苹果公司都会前来委托加工的日本工厂，开发了前所未有的钛加工技术

苹果若想实现自己的设计，日本的金属加工工厂是不可或缺的。在苹果公开的供应商、制造委托工厂的名单中，有几家是日本的金属加工工厂。其中一家就是位于大阪的ZENIYA ALUMINUM ENGINEERING公司。

ZENIYA ALUMINUM ENGINEERING公司目前正在致力于开发如何仅用冲压加工就能制作出像底切结构或内部结构为封闭式的箱体造型。通常在加工箱体式的设计时，会先制作像贝壳一样外侧和里侧两片金属部件，再把它们配合到一起。而ZENIYA ALUMINUM ENGINEERING则把这一步骤简化为只需使用冲压加工便可完成。所使用的器械为可以把复杂的形状分成多次加工的多工位压力机。由于严守保密协议，ZENIYA ALUMINUM ENGINEERING没有透露任何苹果的产品加工信息，但可以从这特殊的加工技术看出，它一定对苹果的设计做出了不小的贡献。

该公司今后想要开发的领域为

由ZENIYA ALUMINUM ENGINEERING制作的钛金属外装实例。虽然钛金属曾被用于数码相机和录像机的外装材料，但由于材料价格升高，最近已经不常被采用了。反而在海外越来越受瞩目。

钛金属的部件加工。钛金属既轻强度又高，还有很好的耐蚀性，但1kg的板材要4000～5000日元。这价格大约是铝和不锈钢材的10倍，在国内还很难被用为外装部件。

不过ZENIYA ALUMINUM ENGINEERING的董事会营业部本部长松尾准二说道："在美国，钛常被用在航空宇宙领域中，具有很高的地位，这也使得它渐渐获得了海外制造商的关注。"

ZENIYA ALUMINUM ENGINEERING 独自开发出了"magic touch"处理技术，克服了钛易留下指纹又很难清理、经紫外线照射后易变黄的缺点。还对冲压加工装置做了不少改善，让因过于坚硬而难于加工的钛变得可以制作成任意形态。此外还开发出了通过形成氧化膜来让钛金属展现多种颜色的技术。再结合焊接和激光加工、嵌件塑模等后续处理技术，也许能够开拓出钛金属崭新的用途。

METAPHYS的iPhone壳"haku"。由 ZENIYA ALUMINUM ENGINEERING 进行钛的冲压加工，并加以氧化膜着色处理。

山中俊治（Yamanaka Syunji）
1982年毕业于东京大学工学部。毕业后就职于日产汽车
设计中心，1987年自立门户。1991~1994年，担任东
京大学助教授。近年在推进人形机器人的开发项目。

[金属篇]

怎样调节R角与面的关系才能表现金属质感呢

LEADING EDGE DESIGN的山中俊治认为，与一种材料最相适的形状一定可以在自然界中找到。

在做联结人与物的设计时，必须要考虑的一点就是材料的选择。形状、颜色、触感、强度、重量等这些定义人与物之间关系的要素，会因材料的改变而产生巨大的变动。

LEADING EDGE DESIGN的山中俊治，根据用途和机能选择相应的材料，设计完成了很多制品。给人印象最深的是他的作品尤其强调金属质感。于是本书对山中俊治的作品进行了详细的分析，发现为了表现金属的美感，制品中隐藏了很多想法与技术。

减小冲压加工的角R

"冲压加工很难制作平面或方形的金属部件。"山中曾对某品牌笔记本的设计做出评价时说道。

那款笔记本为了提高液晶屏背面的面板强度，选择了像汽车前盖一样的罩型设计。在那款笔记本之前，制造商都是把金属灌入模具中使之成型，而山中评价的那一款笔记本则是选择了用镁金属薄板来进行冲压加工。

虽然制品变得薄而轻，但是角R的部分变得圆滑不再显得锐利了，明明是金属制的产品却缺少了金属质感，在中山看来造型显得温吞不干练。他说："利用冲压加工制作平面时有其特殊的制作方法。"

那么属于冲压加工的美感又具有怎样的造型呢。山中在设计WILLCOM的移动通话设备"TT"时进行了实践。

制品的其中一个设计点为突出"手感"。山中想要制作出柔软的形状，让制品与手型相契合。于是便有了富有张力的弧面从侧面延伸到背面的造型，这些造型都只有金属的冲压加工才能实现。

1988年由OLYMPUS发售的紧凑型相机"0-product"。通过对棱角的处理来展现金属块的质感。

（摄影：清水行雄）

材料与设计

中山设计的移动通话设备。无论是造型还是表面的质感都像是金属，但实际为树脂材料。为了使涂装剥落后也不会显得廉价，基层材料选择了黑色的树脂。中山为了表现出金属的质感下了不少功夫。　　（摄影：清水行雄）

然后在按键的部分做出像被切削过的利落平面和锐利边缘。侧面的通话按键周围也同样利用减小角R来体现锐感。这种面与面的构成会让人联想到雷克萨斯或宝马的设计。山中为了把冲压加工特有的形状结合到移动通话设备中，可是费了一番心思。

其实"TT"的外装并不是用金属而是用树脂制作而成的。但经过阳极氧化处理的涂装和冲压成型的造型特征，让人误以为这款产品就是用金属制作的。

角R展现造型风格

因为移动通话设备需要接收电波，所以外装很难使用金属材料。除此之外，还有成本高、成型难等多种原因也让厂家不得不放弃金属。取而

富有张力的面板突显金属质感
（摄影：清水行雄）

代之的是用涂装或蒸发镀膜的方法来表现金属质感，但这并不足以突显金属的特征，还必须考虑如何制作出金属特有的面与角R。

同理，即使一件制品使用了金属材料，也有可能因为面的制作中出了一丁点的差错而让制品变得不像金属。虽然现如今材料可以被加工成各种各样，但山中说："如果成品无法

展现与所使用的材料相符的形象特征，也就等于制作出了无从归属的造型。"

在"TT"的设计中，山中利用冲压加工表现了面的造型之妙。而在1988年设计的"0-product"则表现了金属的块状质感。当时非常流行黑色塑料机身的紧凑型相机，与之相对山中主打金属的精密感，镜头周围锐利线条就像是刚刚削形而成一样。

山中还有另一种方法来表现金属的块状质感。那就是机身的一部分角R做成微妙的弧线，好似经过了常年磨耗才得到了这样的形状。这一处理不仅让照相机富有重量感，也成为商品特有的味道，让相机既展现未来感，又能勾起人们的怀旧情怀。

山中说："通过微妙地控制角R与曲面，产品的质感可以得到很大的改变。"能否做出突显材料魅力的设计，关键就在于是否理解材料的特性，并在设计时考虑到材料的特性。

材料与设计

[金属篇]

3种表现金属质感的形态

液体、塑性体、弹性体。
在进行表现金属质感的设计时，
必须要考虑到金属形态的这3个特质。

2001年Seiko Instruments 发售了ISSEY MIYAKE品牌的手表"INSETTO"。这款手表的名字在意大利语里的意思为昆虫。手表整体几乎都由有机的曲面构成。就像把水银打翻后，液滴的形态。表面还有一层薄膜，微微抑制住基层金属的光辉。

这款手表的形状如果利用CG软件重现模型的话，应该会结合球体来制作吧。具有表面张力与重力作用的

由Seiko Instruments发售的ISSEY MIYAKE品牌的手表"INSETTO"。指针调节旋钮、表盘与表带连接的关节处都采用了仿昆虫的有机造型。中山说想要设计出像融化的金属或水银一般"富有张力的水滴曲面"。

（摄影：清水行雄）

造型，就像是被雕刻出来的作品，富有迷人的魅力。负责设计INSETTO的设计师为LEADING EDGE DESIGN的山中俊治。他把这款手表的形态定义为"液态的金属"，也就是再现如同水银或者受热熔化后的金属模样。

造型的塑造与材料的关系

山中认为材料都有其各自相应的自然形态。金属材料的话，则有3种。第1种为上述提到的"液态"造型。第2种为经过切削、碾碎、磨耗、挤压后形成的"塑性体"。第3种为把金属薄板扭曲、冲压后形成的"弹性体"。

设计金属制品的时候，要根据所使用的材料、商品的概念与特性等各种因素进行综合考量后，再决定选择这3种形态的哪一种。山中希望INSETTO的形态更接近生物体，营造

一种"手表内部仿佛充实着某种未知的物体而非机械构造"的印象。于是有机的液态造型便成为不可或缺的存在。

此外利用金属"塑性体"的特性来设计造型的案例为松下的数码相机"Panasonic Digital Camera"（下一页图片所示）。面与面的倒角工整利落，镜头部分柱状口径逐渐缩小的造型就好像用拉胚机拉抻出来一样。且不论实际的加工过程如何，仅看造型的话，好似一件细心制作的黏土作品。

细致地做出倒角，挤压、敲打出预想的造型，又或是做出像4页前介绍过的"O-product"一样的角R来体现复古风格等，这些都是利用各种加工方法和风格效果来实现塑性体特征的例子。另外看起来像是由手工

使用像铝金属这样柔软的材料，表现"黏土"质感的其中一项设计案例为松下数码相机的外壳设计。富士山型的镜头就像把黏土狠摔在平面上得到的造型，还有尾部微微变宽的取景器、像被切削过的利落的角R，塑性体的特性通过这些造型展现得淋漓尽致。

（摄影：清水行雄）

艺人制作而成的造型用起来更有亲和感，沉甸甸的形象非常适合精密器械。

用黏土的质感来表现机能性

这款相机使用的材料为铝金属。铝材入手简单，且轻便易加工，是最普遍的工业材料之一。山中说："铝在金属中属于质地较软的，有着黏土般的高延展性。"所以铝材很适合制作成黏土风格的造型。

利用柔软的铝材突显金属"塑性体"特点的还有一个例子。如下一页照片所示的松下DVD录像机，就利用挤压成型来塑造黏土的质感。挤压成型是用于制作铝制窗框、新干线部件的常用成型法。可以想象成把琼脂塞入有孔的容器中，然后用力挤压，琼脂从孔中钻出来的样子。

山中尤其关注挤压成型法是有理由的。其一，断面的形状可以任意设计。其二，这种成型法有着很高的机能性。

DVD录像机的正面与背面开孔

经过碾碎、切削、打磨、挤压，并有着手工制作精度的这一类造型是利用了塑性体的特征。山中积极采用了只有铝才能实现的挤压成型法来进行设计。上图为松下DVD录像机的壳体设计。

（摄影：清水行雄）

且为筒状，壳体内部装有电子线路板和机械装置。这样的外装易于空气的流动，能够从正面吸入空气再送到尾部，加上铝材的高导热性，可以产生良好的冷却效果。

正因为山中正确地掌握了金属的塑性体特征，才能得到这种挤压成型的形态。不同的金属有着各种各样的性质，只有了解每种材料的特征和加工方法才能表现出多样的金属特质。

最后来讲一讲被认为是最具金属特性的"弹性体"形态。前一章介绍过的移动通话设备"TT"虽然是树脂制品，但它富有张力的表面更像是金属，这就是利用了金属的"弹性体"特质得到的造型。

弹性体表现独特的张力与轻量感

这种富有张力的表面按山中的话来说就是"从材料力学的角度来看，需要用4次多项式表达"，它很接近曲面建模中的贝塞尔曲面。想要弯曲面的一部分，而其他的部分也受到

材料与设计

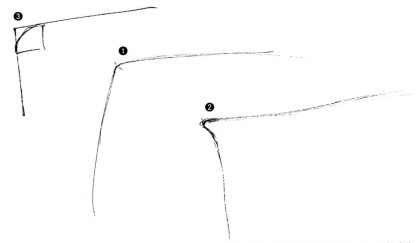

在用钢或不锈钢的薄板做设计时，要考虑到由于它们具有弹性，经过弯曲或冲压加工后，形状会有稍许恢复。例如在设置角R时，如果弯曲的力量不够就会得到❶一样有些扩张的角R，如果用力过大，又会像❷一样得到被捏扁的角R。而❸则是具有塑性体特质的角R。

影响跟着改变。就像上图山中画出来的一样，当想要做出一个R角时，如果力量不够则会使整个线条翘起来，如果力量过强又会形成一个像是被捏过的角。

运用弹性体特征的造型并不是像液体和塑性体那样，可以让人感觉到内部的实在感，而是像OXO的厨房用具那样为薄板形，或是用薄板来包裹的形状。当用到钢或不锈钢时会经

常选择这种造型方法。

山中说这种把材料特性与制品形态结合在一起的思考方式对于具有敏锐直觉的设计师来说是很自然的事情。但现如今造型都用3D的Auto CAD完成，再加上发达的加工技术，不管什么形态都能被实现。设计师们在实际进行设计的时候对材料的意识变得越来越淡化。

于是无视素材的特性随意进行

设计的设计师越来越多，例如本应表现弹性体特征的面的边缘，却带有塑性体的风格。左图的草图中，90°的角R连接两个面，这样的设计到底是为了突显轻量化呢，还是希望做出块状感呢，其中的意义与目的非常模糊。

同一个制品中，不要把液体、塑性体和弹性体的特征混在一起，只能用形态来强调其中一种特性。这也算是产品设计的基本吧。

另外在制作能够表现特质的造型时，还要注重分割线和沟槽等细部的处理。例如，若在想要表现张力的面上留下了分割线和沟槽的话，一切的努力就白费了。设计师的能力就体现在怎样才能避免这些问题的出现。

或是用液态造型来表现金属，或是利用黏土的风格，亦或是展现弹性的板状造型，对于设计师来说理解这些金属的造型特性是理所应当的，不过担任外装设计的技术人员们也许更应该掌握这些基础知识。这样他们就能预先理解设计师的想法，加工出更好的形态。

在弯曲某一个角时，这个角所连接的面都会受力，完整的曲线从R角一直延伸到面。这就是属于弹性体的形状特性。OXO的不锈钢制厨具在设计时就是活用了这种弹性体的特征。

（摄影：清水行雄）

一定要记住，如何才能把一件产品制作得更精美，是设计师、工程师和所有参与制作的工作人员都需要思考的任务。

材料与设计

第 3 章

纸

篇

纸的基础知识

拓展造物可能性的材料·技术研究

知名印刷负责人的纸材活用法

纸的基础知识 / 纸的由来

对于设计师来说，纸是我们常见的材料，
那纸是怎么制作出来的呢？

先大略介绍一下机械化大量生产用于印刷和包装的西洋纸制作方法，程序如下：

首先，需要制作纸的原料。将纸浆纤维放入水中泡开，然后进行捶打，以调整原料的强度，提高纸的韧性。之后再根据机能与种类需求，加入不同的染料和化学试剂，最后再去除垃圾。

这样将原料制作好之后，加入水搅拌成液体状的纸浆，过金属网筛将水过滤掉，再用上下的滚子进行挤压脱水。纸片干燥后略微调整纸的湿度。然后加大压力进行压延的工序，同时根据不同质地的需求，加入必要的涂层，然后将做好的纸进行卷曲或者按照规格切割成平板状。

同样的原料，纤维经过捶打不仅能增加纸的强度，同时还能使纤维均匀，增强其透明度。除此之外，通过添加不同的染料和化学试剂，以及不同的压延方法，能够制作出多种表情的纸。

包装用纸、画报用纸以及各种新奇纸、美术纸，基本的制作工序大致都是如此。

现在不仅是制纸企业进行新纸品的开发，经营纸的商业公司以及设计师也开始加入了与制纸企业共同开发的行列。如竹尾与平野敬子共同开发的有名的"发光纸"等。

发光纸是指极白的纸。目前为止的纸在荧光灯下看上去发白，而在太阳光下发粉色，不同的环境下发色不同。有时为了增白加入荧光染料，白色则发青。

相对于这几种纸，发光纸力求在所有的条件下看上去是最白的纸。以这样的白度，用于需要引人注目的书套上以及陈列橱窗的展示中。

最近，据说比起视觉化感性的纸，通过触觉感知的纸开始变得有人气，那种看上去坑坑洼洼，摸上去感受那种微妙感觉的纸开始受到大家的关注。

纸的规格常识

西洋纸的尺寸规格主要有以下几种名称，也有一些制造厂商以及品牌生产非常规尺寸。

A型纸：625mm×880mm

B型纸：765mm×1085mm

四六纸：788mm×1091mm

菊纸：636mm×939mm

牛皮纸：900mm×1200mm

三三纸：697mm×1000mm

艳（光亮）纸：508mm×762mm

报纸用纸：813mm×546mm

绘画纸：727mm×545mm

根据加工好的A型纸和B型纸成品尺寸，再进行对开、四开、八开裁切，又有A4、A5以及0号至10号的纸号。A型纸的尺寸最早始于德国而现在成为国际规格尺寸，B型纸则是日本独自制定出的规格。

另外，纸中还流行Y目、T目的称谓。在系统的制造工序中，纸的纤维有向相同方向排列的特质。在剪裁时将与长边平行的纤维次序称之为T目（纵目），垂直的纤维次序称之为Y目（横目）。顺着纤维次序易弯曲、易断裂。

此外，纸还用"令"来表示重量。1000张规定尺寸的纸（主要是四六纸）的重量为1令，1令表示重量。同样种类的纸，数字越小表示纸越薄。

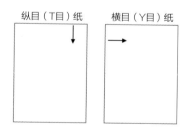

纵目（T目）纸　　横目（Y目）纸

材料与设计

正式书信中不可或缺的棉花纸，
最适合表现压花效果。

winged-wheel是一家经营自产材料到成品倾注很多心思的卡片以及用凸版胶印制作的书信用品的专卖店。品牌商品的触感非常好，适合钢笔书写，并且在压花边缘的处理方法上也力求理想的质感，独创的棉花纸需要花费1年的时间才能制作出来。

棉花纸在欧美被视为最高级的纸。被作为请帖、社交用的名片、企业的正式公文使用纸，在重要场合沟通中不可或缺。另外，因其纤维柔韧性好，特别适合表现凹凸感的雕刻效果。

这种工艺的纸，是由手艺人全手工制作出来，被称为"境界"。一般装饰有立体感的压花浮雕图形，图

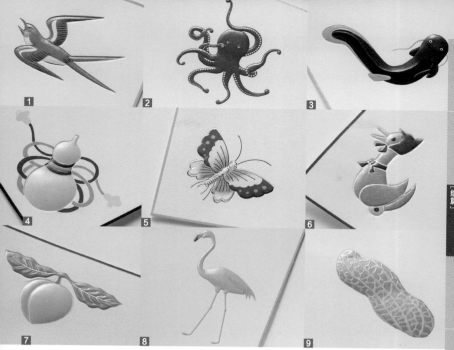

1燕子：象征自由的标志。**2**章鱼小八：在表现章鱼弹性的质感上特别下了功夫。**3**鲶鱼：
象征防地震及防灾害。**4**葫芦：象征子孙繁荣以及有避病的寓意。**5**蝴蝶：彰显华丽的传
统纹样。**6**鸭子：常用于出生报告。**7**桃：据说是桃太郎诞生之桃的原型天津桃。**8**红鹤
（火烈鸟）：靓丽的粉红色纹样。**9**花生：花生的花语是"友好"

形外加压印轮廓线，施有鲜亮的桃红
色或微妙细腻色调的色彩，尽显华
丽。图形的图案有鲶鱼、葫芦、鲜桃
等日本传统纹样，布局喜用单体。尽
可能在纸质上追求最高品质。

使用一次到重复使用

可以用于婚礼、感谢信等个人

社交，也可以用于企业法人的请帖、
邮寄广告，用途不限，目的是以提高
书信的感性品质，彰显发信人自身的
价值。正因为如此商品的开发力求高
品质。

作为彰显高级品牌、与重要顾
客沟通的工具，用棉花纸进行高品质
的凸版胶印的方式越来越受到重视。

一张障子纸通过设计的力量成为世界知晓的日用品品牌。

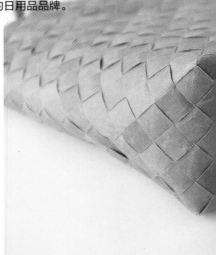

软尼龙纸，是和纸制造商"大直和纸"为改变障子纸易破性而开发出来的新型纸。原料采用北美产的木质纸浆加纤维状的聚烯，使用和纸的抄纸工艺，先进行70℃～80℃高温的桶干燥，让纸浆与聚烯紧密结合，提高材料的强度。但这种纸产生褶皱后不易去除，被认为是它的一个缺点。

使用这种材料，该公司的设计师深泽直人组织并开发了纸包等日用品品牌"SIWA"。SIWA制品使用染色软尼龙纸，特意加入褶皱的效果。有褶皱的纸手感变得更加柔软，反而成为极具魅力的商品。如图照片中，用纸带编织的大手提袋。虽是纸包，看上去更像布包或皮革包。

SIWA制品的形状均以方形为基础，样式非常简洁。刻意设计的褶皱质感的制品，表面具有磨白的表情，摸上去有微妙的温暖感及亲切感。软尼龙纸不仅触感舒服，还具有不易破损的强韧性和耐久性。

SIWA自推出后，大直的障子纸、书法用纸、正月用的信封以及纸袋产品等成为企业的主要支柱。该公司在2005年就研发出了不易破损的软尼龙障子纸，但是，其起褶后不易去除的缺点使得做障子纸时不易操作，也曾试图开发用于其他用途，却一直没有找到合适的想法。

活用地域资源项目的认定

大直公司以"原有的材料为基础，开发创新产品的研发"报名并获得了日本中小企业厅支援政策"中小

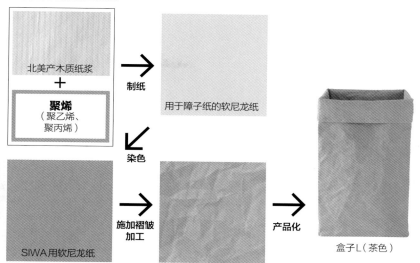

●软尼龙纸的加工方法

北美产木质纸浆
+
聚烯
（聚乙烯、
聚丙烯）

制纸 →

用于障子纸的软尼龙纸

染色 ↙

SIWA用软尼龙纸

施加褶皱
加工 →

产品化 →

盒子L（茶色）

企业地域资源活用项目"的认定。在此开发资金的支持下，2007年11月，由公司的设计师深泽直人负责启动了创新产品设计及品牌的打造。

从公司一濑美教社长传递出的白色尼龙纸，经过深泽直人的手，首先得到了想要开发棕色文具和日用品的提案。将纸的表面刻意压制出褶皱，增加材质的表情，由此创新新品牌。

深泽直人在项目开展中，组织了制纸组、褶皱加工组和缝纫组。在样品打样过程中不断地修改，直到深泽直人认可。细节也非常严格，单单褶皱就必须依照深泽直人制作的样品原样加工。

SIWA的魅力不仅仅在于其简单的形式，独特的触感，纸材料还能减少环境负担，纸一直以来被评价为可持续利用的材料。SIWA纸，是一种在长时间使用过程中容易让人产生深深留恋的有生命力的材料，发掘了纸的新的可能性与价值。一张易于折叠的障子纸，通过设计的力量发挥出了完全不同的价值。

材料与设计

有味道的令人怀念的加工，简便就能做到。

纸经过涂蜡加工后呈现半透明状，包在里面的东西有若隐若现的趣味。废旧脆弱的软纸经涂蜡加工后也能变成哗啦哗啦的硬纸，另外在折纸的痕迹上做出变化，也非常有味道……涂蜡加工曾经被用于食品包装用的纸袋等领域而引起关注。

手工纸在涂蜡加工后，会给人留下温暖怀旧的印象；另外，涂蜡加工还有能将明亮饱和的彩纸增加色彩层次等多种表现魅力；机能方面也有增加纸的耐水性、耐药品性以及提高

【涂蜡加工费】
约 **1** 万日元／100张
※最低批量100张起。加工费中不含信封费。

September 5, 2009

纸的强度等特点。

没有能加工的工厂

涂蜡加工，对于DM、日用品、文具来说，是很有魅力的加工方法，但是却有一个难点。并不是出在技术上，而是受限于加工工厂的稀缺，寻找加工地变得十分困难。正规的品质好的厂家一般都订单爆满。

而另一方面，比较业余的厂家又不太有生意。有的厂家几乎机器一周只开动一次，只能等到订单到一定的量才开动机器生产，即便生产，也往往不能保证交货日期。

为了改善这样不稳定的市场环境，需要研发比涂蜡加工更简便的方法，不久传动信封诞生了。该公司2009年6月开发出可以用于类似信封状的涂蜡加工专用机械，可以根据顾客的需求进行调配。最大可以加工B4大小的尺寸，另外，该公司还针对各色各样的纸的特点，开设了100张起批量加工的特色业务。自此，涂蜡加工将会发展出更多的新模式，开发出更多的可能性。

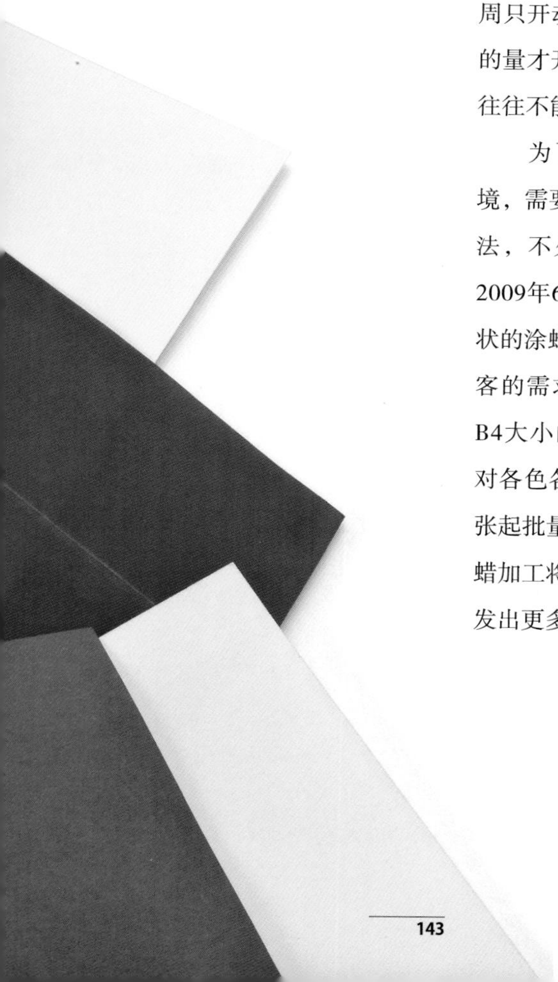

可以用于平面设计，也可以用于壁纸，像皮革一样的纸。

[纸篇]

就像是157页介绍的名片盒那样，能够给使用者带来高级感的纸。那个就是法国SEF公司生产的压纹纸"Dainel"系列。施加了纹理后，手感润泽柔软，没有花哨之感。

通过压花加工，可以制作出树皮和毛皮质感的纸，不仅是平面设计常用的材料，也是日用品商店经常使用、发挥其魅力的纸。

日本大塚商会进口并经营这种压花纸。公司同时将压纹纸开发使用于包装袋、手帐封套、书籍的封皮

在起毛处理的基础上施以压花加工，让纸呈现多彩各样的质感。

等。另一种创新是和福冈室内设计公司mysa合作的开发，他们将压纹纸背面沾上微吸盘一样的可装卸贴纸，开发称应用于室内装饰的壁纸贴纸，获得了不错的销售业绩。

压纹纸的价格，幅宽104cm、长100m一卷的大约在6万日元至7万日元左右。幅宽104cm、长100cm的纸，大约在1000日元至1200日元间。甚至有Panton Color特指的色样。

位于福冈的空间设计公司mysa与大塚商会协作开发出了可以贴在墙上让人们享受装饰变换乐趣的贴纸。

材料与设计

珍珠颜料加压花，呈现出优雅与华丽。

[纸篇]

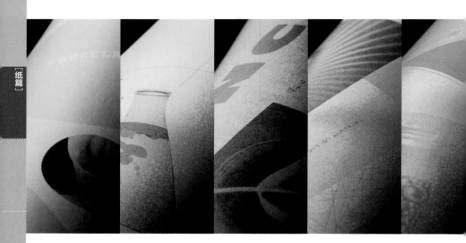

竹尾经销德国GMUND公司的"TREASURY"纸品，其黄金系列可谓是充满色彩变化的高级纸。

德国GMUND公司是一家以生产高附加值高档纸品的老牌制造商。公司很早就开发了不同于传统造纸业的生产设备和制造方法，以制作表情丰富的纸品而闻名。

竹尾经销"铂金"、"香槟金"、"亚光金"、"黄金"、"仿古金"、"青铜"6种。其中"黄金"使人联想到金阁寺或金箔那样具有日本代表性的华丽的金色；亚光金近似18K金首饰那样呈现平静的金色；仿古金则散发出氧化黄铜一般的古朴暗淡的金色。金色的色域很广，不同的色彩给人的印象也大不相同。

能表现庄重也能表现轻盈

在纸品表面施压微细凹凸纹理的微压花，是"TREASURY"的特征之一。在原纸上施加珍珠颜料涂层，然后再进行压花，这样处理后的纸品，手感流畅，漫反射散发出的光泽呈现出高雅的品质。"TREASURY"的价格根据色彩的浓淡、混入珍珠颜

料的比例而定。但因其制造工艺非常费工所以价格不低，一般用于贺卡、信封、日历封面等，给人一种"不禁想打开看看"的强烈冲击力。

　　金自古以来都是作为自然货币形式存在的一种贵重金属。有金块的厚重感，也有金箔的轻盈感，针对不同的制作物，可以利用对金的日常印象，选择不同辉度和不同色度的金色来表现。

根据印刷、加工的不同，呈现不同表情的艺术纸"TREASURY"系列。尺寸680mm×1000mm，1000张75kg的"香槟金"。1000张211kg的"铂金"、"香槟金"、"亚光金"、"黄金"、"仿古金"、"青铜"。下图上面两张是"黄金"纸，左下方的笔记本是"香槟金"，右下方的信封是"仿古金"。

材料与设计

纸不只有薄片状，还可以做成各种造型。

说起用纸做造型，一般我们脑海里一下子会浮现出像鸡蛋包装盒那样的纸浆模制制品。现在纸浆铸模替代泡沫聚苯乙烯成为常用捆包及包装材料。

纸浆铸模，作为再生纸和废纸的再利用，已经持续了很长的使用历史。不仅用于鸡蛋包装，也应用在苹果等蔬果捆包。在其作为运输缓冲材料的功能基础上，还有透气性、吸湿性等优点。但是能不能达到像一张皮那样柔软呢？常见的粗糙质地无法包装精密制品。

这种使用需求，是在20世纪90年代讨论关于保护地球环境时提出的。现在，已经广泛应用于陶瓷、家电、零部件、开关五金件、汽车音响（car audio）等不同产品的缓冲捆包材料中。

新成型制品的登场

纸浆铸模，是将纸浆（洋麻芦苇等）装入熔浆容器中，然后将金属模具放入其中，纸浆会吸附在金属模具上。当吸附到一定厚度时，将模具取出，再放入凹模中脱水，最后成型，这种湿纸浆铸模法是最常使用的制作工艺。但是这种工艺的缺点是金

①一贯以来的纸制品，一般用作缓冲材料

②PIM成型工艺制作的商品。图下方的是洋粉挤压器，图上方是微型轻便盒子

属模具费用高，抄纸工序、干燥工序比较费时间，针对这样的问题，一些企业开始研究比湿纸浆铸模工艺更有效的成型方法。

然后"PIM（喷射纸浆成型法）"应运而生。这种工艺采用类似于塑料注塑加工工艺的成型法及压缩成型法，克服了纸浆铸模工艺中厚度有偏差以及薄壁不易成型的缺陷，甚至还能制作螺纹和轮毂，成为划时代的发明。

将纸原料（废纸、木材纸浆）加水溶性结合材淀粉混合的成型材料填充至高温的金属模具内，去除水分，然后向金属模具施加热压，可以制作出不易变形，致密强度高，并且表面非常光洁的薄片状的纸制品。

喷射金属模具成型方法，可以加工尺寸精密度高，匀净的立体造型。纸面匀净、致密的纸制品，解决了纸浆铸模成型法容易出现纸粉的问题。另外，这样的纸制品还有耐200℃以下高温、防静电的特性。

这种成型工艺的另一种引人注目的特征是它的"自动分解性"。这种制品将取代目前常用的塑料制品，因为将它埋入土中，纸便能够在1～2周自动分解。

③原来纸浆铸模工艺法无法制作的纸螺纹和轮毂也成为可能

④表面匀净、壁很薄的成型纸制品

光润有弹性的古纸"西内"和纸。
和纸因产地不同而表情多样。

[纸篇]

永田哲也家族，喜欢用和纸临摹各种物品的造型，持续开发再现"触觉的记忆"的作品，上图介绍的系列作品，即是"和菓子纸三昧"摆饰工艺品。

永田家族的工厂现保存着数百件木制模具。使用这些模具，永田家族持续制作高档的和纸作品。

日本文化的写照

永田氏制品的特点主要是造型的多样性、美观性以及与造型相关的寓意。为了创新，甚至于有时会带着和纸特地前往和菓子老店铺，现场临摹造型。

除了制作祝贺场合不可或缺的鲷鱼、象征长寿的龟、米俵、力士外，还将蘑菇、蚕豆等身边的蔬菜作为创作灵感。如永田先生所说："即使同是鲷鱼木型，也会有鱼肚鼓腹、尾巴深长、牙齿呈锯齿状等不同的形态区分。"

做纸雕塑的和纸采用的是茨城

永田哲也家族的"和菓子心纸三昧"。除出售摆饰外，还制作和出售团扇、文具以及蜂窝状薄片等。图为由很多层和纸重叠粘贴而成，摸上去或用指甲按压时极富弹性。

县的"西内"和纸。这种纸是以那须楮树为主要原料制作的手工纸，纤维细腻、光泽温润，纸雕塑是用打湿的"西内"和纸在木模上多层重叠贴印而成。完成的作品表面，摸上去有膨胀的手感，且有很好的弹性。让人惊叹的是古纸的韧性，重叠粘合在一起的和纸有着出人意料的牢度。

日本各地都有和纸产地，因不同的气候、原料、纤维粉碎的方法以及审美喜好，形成了和纸的不同风格。永田先生说："用京都的黑田和纸制作模印纸雕塑，做完后容易起像毛毡一样的绒毛，而西内和纸因有粗犷的表情，重叠粘合后的立体造型有弹弹的手感，以及散发出绢丝一样的优雅光泽。西内和纸最适合清晰地表现木模的三维曲面。"

还有在和纸间夹杂彩色纸，并有意将上层纸磨破，露出色纸的手法，来表现如上图作品中鲷鱼身体上的桃红色和红色。加入色纸后，和纸的表现力更胜一筹。

表面张力为纸张带来高级感

我们有时会看到在包装盒表面有着微微隆起的图案和LOGO，像这样想要在纸或板子上做出立体的效果，厂家一般都会使用UV墨水进行丝网印刷。但是这种技术对隆起的厚度是有限制的。于是从事丝网印刷的吉田制作所便开发了一种新型的技术，实现了一般印刷所无法达到的隆起厚度，就好像水滴浮在表面一样。

吉田制作所把这种装饰手法命名为"DROPS"，这和灌封、滴胶等工艺一样，都属于树脂装饰加工技术。通过丝网印刷先绘制好边线，在边线的范围内注入聚氨酯树脂并晾干。这种工艺经常用于制作贴纸和钥匙链。

滴胶工艺的缺点是很难制作出复杂或尖锐的形状，在加工时树脂还可能溢出边界，且需要一定的时间和注入技巧，这都会导致成本增加。

轻松制作复杂的形状

吉田制作所又开发出了利用遮挡图案的方式来代替绘制边线的加工方法，这样注入的树脂就可以轻松地绘制出复杂的形状了。这种技术现在

应用在店铺陈列和看板等大型器具上，另外还和艺术家合作，制作了一些艺术作品。现在这项技术已经成熟到可以量产，开始运用到包装和贴纸的制作上。

照片的滴胶加工，则是把贴纸表面进行滴胶处理，再贴在照片上。由于树脂本身是透明的，可以透出底层贴纸的颜色，还具备厚度。如果使用金属质感的底层贴纸，再配合树脂的透镜效果，便能表现出很强的光泽感。

今后的课题是如何降低成本

吉田制作所不仅能在普通贴纸表面加工上树脂，还能在带有涂层的纸面上加工，并且能在树脂上进行植绒印刷等后续装饰，实现了多样的表达。

制作如本页下方"NIKKEI DESIGN"的LOGO字样（高25mm，宽225mm）需要花费500日元到1000日元。一些商家会为客户提供带有滴胶LOGO的购物袋，或者在礼物包装盒上使用滴胶处理的图案等，以此来提高重要客户的忠诚度。另外在透明的贴纸上直接封上透明的树脂，形成的阴影又别具魅力。把这种效果利用在日常用品的开发上应该也会很有意思。

从平面设计到包装、产品设计，滴胶加工在各个领域都可以说是值得关注的技术吧。

花费劳力和时间制作而成的极薄纸张。
具有仅天然材料才能表现的质感。

纸篇

　　日本岐阜县有着用美浓和纸制作的 "水团扇" 这样一种传统工艺品。所用的纸材是比楮和三桠的纤维更细的雁皮。它质感均一且结实。制作时先把纸浆抄制到最薄的程度，再在其上绘制出图案，最后贴在竹骨上。

　　若在上面涂上一层叫做紫胶的天然清漆，便得到了一把好似淋过水一样闪烁着透明光泽的团扇。由于清

下图为家田纸工的水团扇。雁皮纸像塑料袋一样薄，贴在竹骨上，覆盖一层清漆，既能起到防水的作用，又增加了透明感。再染上颜色或是加入和纸等制作出图案。

漆防水，可以让团扇沾上水来扇出水花，让人们享受它带来的别样清凉。有了这样的扇子，不用开空调也能开心地度过夏天。像这样能让我们更享受生活的用品正备受瞩目。

完全使用天然材料

虽然现在水团扇已在全国范围内被人熟知，但早在几年前，水团扇在岐阜县内曾面临几乎无法生产下去的窘境。原因之一是美浓很难入手雁皮纸。由于雁皮纸的纤维非常细，抄制纸浆的时候需要把灰尘和污垢仔细地筛除掉。随着手工艺人的高龄化，能够埋头专念于细致操作的人变得越来越少。

不过美浓和纸的世界里，年轻的手工艺人们开始发挥了力量。如图所示的团扇，负责制作和贩卖的家田纸工，在擅长抄制薄纸的"Corsoyard"团队的协助下，开发出了15μm的极薄手工抄制雁皮纸。除了纸以外，还有丸龟的竹骨和天然清漆，甚至是绘画用的工具都追求着高档的品质。他们使日本宝贵的传统工艺品得以复活。

绘制图案（上）和涂清漆（中）基本上都是手工作业。还需要花时间干燥（下）。

材料与设计

从任何角度都能展现平滑立体感的透镜膜

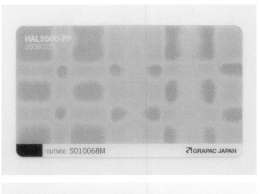

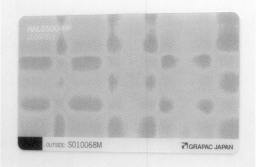

利用透镜膜还可以做出图案随视角的改变而变化的效果。

　　GRAPAC JAPAN开发的透镜膜"HALS"，比起其他立体印刷材料，有着能够自然体现印刷品立体感的优点。无论从哪一个角度看都能真实地感受到印刷品的进深。

　　"HALS"是把微小的透镜规则排列的透镜膜。在这种膜上打印出特定的图样来表现立体感。且不需要配合立体眼镜和平行法、交叉法等立体视。相比其他的透镜膜，"HALS"能

可以只取膜的一部分做成透镜效果。另外
膜的最大尺寸可以做成长508mm，宽
720 mm。

够实现360°的立体效果。

　　制作这种透镜膜是不需要特殊模具的。利用UV胶印就可以制作出来，因而成本比较低。另外还可以只取膜的一部分做成透镜效果。

　　这种透镜膜不仅能在背面胶印出立体图样，还能在正面印刷普通的花纹。立体与平面的结合让设计的自由度更高。

　　现在该公司已经有50多种立体图样，也可以自己制作，设计得精致的话，还能让图案根据视角不同变换花样（如左页照片）。

　　GRAPAC JAPAN想以POP和DM等促销工具为中心，推广自己的材料。透镜膜可以薄至0.3mm，制作成包装材料也是很有可能的。

　　GRAPAC JAPAN尤其期待自己的透镜膜可以利用在包装的防伪上。"HALS"是该公司特有的专利技术，其他公司无法复制，利用这一优势，他们提案医药品、DVD软件等这些容易伪造的商品，其包装可以采用"HALS"透镜膜，让它成为品质保证的标识，也让消费者们对商品的真伪可以一目了然地区分开。

　　该公司还致力于开发可生物降解的透镜膜等技术。怎样把这种立体感活用下去，需要设计师们崭新的想法。

不需高价就能实现压花和烫金的效果。

在包装盒、印刷物的表面制作出凹凸感的压花，或进行烫金烫银等加工，能够突显产品的高级感，且非常吸引顾客。但是这种工艺是有一定难度的。不仅需要制作模具，加工时还容易发生错位，而且整个过程费时又费钱。

如果有一种制作方法能达到和压花或烫金同样的效果，且制作简单又合理——GRAPAC JAPAN开发的新型打印技术"Bri-o-coat"就为我们实现了这个想法。在通常的印刷品上，在想要凸起的部分涂上UV涂层，UV涂层遇紫外线会发生硬化，便产生了凹凸感。用这个方法就可以自由地制作出和压花同样效果的凹凸形态。若在银纸上运用"Bri-o-coat"的话，则可以得到烫银一样的质感。

【Bri-o-coat与其他加工技术的成本比较】

4色印刷+pp纸	100
4色印刷+烫金（或银）	160
4色印刷+Bri-o-coat	110

＊以4色印刷+pp纸所需要的加工费为100做参照。

左侧为在银纸上进行"Bri-o-coat"加工的包装，与烫银的效果一样。右侧为在普通纸上进行Bri-o-coat加工的包装，与压花的效果一样。

因为只是印刷的工程，性价比非常高

"Bri-o-coat"由于选用了胶印的工艺，在原有的印刷基础上再加一版UV涂层就可以搞定了。所以连传统压花和烫金工艺中无法进行预算的大型尺寸也能够制作出来。

GRAPAC JAPAN自带多种凹凸的形态，同时设计师们也可以自己描绘图案。"Bri-o-coat"还可以进行部分打印，制作的时间和普通的印刷并没有区别。费用也只是比制作pp纸贵了一成左右，非常便宜。

GRAPAC JAPAN强调道：若把这种印刷技术运用在商品的包装上，可以大大增显其高级感，还能提高商品的价值。只要自己准备了印刷的底稿，试作品的制作仅需3万日元。

"Bri-o-coat"在保证印刷效果的前提下不仅可以代替早前费用高昂的印刷技术，还低成本地为我们提供了新的可能性。现在这项技术已被用在隐形眼镜的海报上、装有玩具的零食包装上、可以防伪的商品券上和一些收藏卡片上等。GRAPAC JAPAN的汤本社长说："印刷事业被电脑和手机市场压制着，不是很景气。不过如果能制作出显示屏所无法表现的质感，就能引起人们的关心。'Bri-o-coat'就让纸质的印刷品拥有了这样的质感"。确实，"Bri-o-coat"如此吸引大众，是一项能让我们预见它的普及与发展的新技术。

材料与设计

把企业标语印在纸线上，令防伪毕其功于一役

王子纤维制造的纸线"OJO+"有着唯有纸才有的爽滑触感，实际穿上这种材料的衣服，会让你惊叹它的轻柔。因为纸线中含有很多空气，会帮助人体保持体温，能够制作出让人们舒适度过夏天或冬天的衣服。现在

这种纸线已经在服装业有了不小的成绩，社长白石弘之说："OJO+已经被很多高级商品采用了。"

现在，这种纸线又有了进一步的进化。王子纤维提出了另类的想法，为纸线赋予了前所未有的机能。

把抄制马尼拉麻后得到的纸切割成细长条状（下图右侧），便得到了纸线。在切割之前如果先印刷上图案或文字，还可以制成能防伪的纤维。这种技术让我们得以思考全新的使用方法。

它被称作"印刷线",如照片所示。

防伪用途

这种纸线原本是用在扫除机的滤网、滤纸或绝缘网上的。原料来自马尼拉麻制成的薄纸。把这种纸切成长条状(左页右侧照片),再进行搓捻就得到了纸线(左页左侧照片)。王子纤维在把纸切成长条状前,在其上进行印刷,赋予了纸线各种各样的机能。

目前,这种印刷线已用在牛仔等商品上。把企业的历史和想法印在纸上做成线织成的牛仔,据说已经作为注入企业理念的特别样品被贩卖了。知名的品牌用了这种印刷线也许还能起到发现伪造品的目的。

另外,即使不搓捻成线,长条状的纸也能直接进行编织。如右上角的照片,把印满品牌LOGO的线制成织物也是可能的。

此外结合各种打印墨水和新奇的想法,印刷线的用途能变得更有

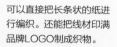

可以直接把长条状的纸进行编织。还能把线材印满品牌LOGO制成织物。

趣。例如用蓄光墨水打印出的纸线,可以制作出在夜晚发出奇特光芒的衣服。

不过比起一般的棉质材料,"OJO+"的价格要贵4.5倍,也是有机棉线价格的2倍之高。

从低成本的包装到高级品的包装，加工技术扩展了更多选择空间

共同印刷公司目前致力于开发能够表现全新设计的包装材料和印刷技术。

**根据要求的品质不同，
实行相应的低成本化**

为了追求丰富的颜色表现，共

[纸篇]

Turner色彩开发出了用丙烯水粉替代打印墨水，进行丝网印刷的技术。能够表现丰富鲜明的色彩，并具有水粉特有的亚光质感。Turner色彩希望这项技术可以用于高级商品的包装上。

同印刷和Turner色彩合作开发了丙烯水粉印刷技术（如左页照片）。这是一种用丙烯水粉代替印刷用墨水的技术。它不仅可以使用颜料中的珠光色，还能指定和颜料相同的颜色，便于预想出打印后的效果。

此外共同印刷还提出了其他的想法，例如可以把有着植绒印刷般柔软质感的不织布做成包装的方案**4**，或是让金属质感纸张的底纸可以自由指定白度，来减少成本的方案等。同时，包装纸盒的表面处理也在进一步深化着。

1细微压花加工：具有细微斜度的压花加工，让花纹根据视角的不同，闪烁不一样的光芒。**2**soft touch印刷：在蒸发镀膜后的膜上用特殊的亚光墨水进行印刷。模糊的金属质感与润泽的触感形成反差，非常有趣。**3**串联压花：利用UV印刷或胶印一道工序就能实现压花的装饰效果。虽然没有细微压花的深度和细致，但是可以低成本地完成印刷。**4**毛皮样式的包装：把意大利制的不织布贴在底纸上，就有了毛皮的触感。**5**金属箔雕刻：雕刻版已经承包给海外制作，达到了至今为止的最低价。**6**底纸的可选性降低了成本：图6为使用高级的高光泽印刷纸呈现优质镜面性的样例。左上的图1和图2为选择了低成本的卡片纸的样例。

椰子的纤维、茶叶渣、熊笹榨汁后的残滓……这些被废弃的材料以纸的形式获得再生

植物被加工成食品后留下来的残滓可以取代木质纸浆，做成非木材纸，它有着小小的颗粒，会让人联想起和纸。

企业的意识也在变化

这样的造纸技术是包装生产厂家Crown Package开发出来的。目前最被广泛采用的是"棕榈滓"，这是椰子果实的纤维，用它制作成纸浆，成为纸的原料。这不但可以用在化妆箱和纸袋上，还可以加工成厚纸，做成日常用具。

此外Crown Package还和伊藤园合作，共同开发了"Tea Remix"，以生产"o-iocha"这种茶的茶叶渣为原料，制作了一系列包装。而"熊笹滓"则是把制造中药以后排出的熊笹残渣进行了再利用。浅绿色的熊笹散发出淡淡的清香，制作出来的纸也有一丝清凉感。

作为环保经济两立的材料，这种残滓再利用的纸在今后会越来越受到关注吧。

从上至下纸张所用的原料为：熊笹滓、棕榈滓（两种）、Tea Remix。虽然这种纸要比再生纸贵，但是比甘蔗渣或洋麻这些原料做成的非木材纸要便宜。

把环境性能优越的"石头"做成纸张，柔软且防水

触感柔软且湿润，结实又有韧性，还具有浸在水里几乎不变形的防水性。这样的特征很难让人想到是在说纸吧。如照片所示的笔记本，它的材料其实就是以石头为原料做成的。

对环境负担少

Keeplus这种材料在台湾被开发出来，是一种主原料为石灰石的"纸"。除了第一段提到的特征之外，它对环境的负担也特别小。不用砍伐树木，制作过程中也不用强酸、强碱和漂白剂。甚至连水都不是必需的。这一点很值得关注。

Keeplus优越的环保性能吸引了提倡环保的企业，制作一些新奇的商品。例如不怕雨天的笔记本和导游书。还有像哈根达斯的外带纸袋等即使弄湿也可以照常使用的这类商品。

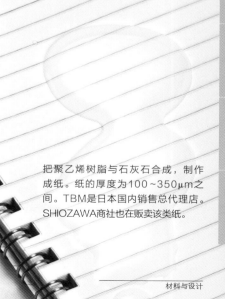

把聚乙烯树脂与石灰石合成，制作成纸。纸的厚度为100~350μm之间。TBM是日本国内销售总代理店。SHIOZAWA商社也在贩卖该类纸。

材料与设计

让包装盒倍增魅力的金属纸

YOSHIMORI
这种金属纸的切口涂有粉色、黑色或奶油色。仅仅是让断面有了白色以外的颜色，就让纸箱显得更加高级。这种纸的价格每平方米大约100日元到400日元。

金属纸大多都用于做成包装盒。但是当制作成立体包装时，会看到金属纸白色的切口，这是它的一大问题。难得把纸都做成了金属的质感，唯独切口是白色的，会让包装整体显得廉价。

V型切口让盒子脱颖而出

设计兼印刷公司GRAPH的北川一成负责开发了kunymetal切口的技术。目前切口已经可以做成黑色、粉色、奶油色这三种颜色。这项技术仅仅是改变了切口这一细微部分的颜色，却让纸张在制作成立体形态时倍显高级感。

当把多层V型板纸重叠在一起制作成纸箱（如照片）时，就体现了kunymetal切口的厉害之处。V型切口的名称来源于纸板弯曲后，表面形成的V字沟槽。但是可以加工这种形态的工厂和能够进行制作的手工艺人都比较少，而且成本也很高。照片所示的盒子是名片的尺寸，在YOSHIMORI订货的话，一次性定1000盒，1盒要500日元。

因为这种盒子的纸板很厚，比起普通纸张的切口更能引人注意，就凭这一点就能让kunymetal断面的价值发挥出来，让纸盒更显高级感。

用丰满柔和的曲线来俘获消费者的心

　　虽然有很多容器成形技术都能够活用纸的质感，但其中最特别的要属京都的铃木松风堂开发制造的"深拉挤压"容器。该公司通过把纸和树脂膜层层叠加，制成了专门适用于深拉挤压的纸材。这种纸材伸缩率18%，可以弯曲到近90°。利用这种特性可以把纸压成盒子的形状。

　　它的丰满曲线和独特的设计，也吸引了以紫野和久传、西利为代表的很多京都老铺。

人们一直以来对礼品的印象

　　铃木松风堂的铃木基一社长说："这么多年，我们不断挑战纸材的加

压成形技术，这过程中也一直在研究何种形态才最适合深拉挤压的加工方式。"现在的弧线造型参考了柔软且爽滑的桃子和人体肌肤。另外这种形态的部分灵感还来自于"旧年代里喝醉酒的爸爸带回来的装有寿司的寿司

京都很多礼品店都看中了这种纸盒可爱的弧形线条，并选为了自己的礼品包装盒。这种纸盒只需要一次挤压加工，不用像制作配盖子的盒子还需要手工组合，非常节省成本。

盒"（铃木社长）。铃木松风堂就这样一边想象着人们对礼品的温暖印象，一边追求着适合深拉挤压加工的理想形态。虽然有些客户觉得多余的圆弧是没有必要的，但铃木社长指出："不知道为什么不采用这种弧线的包装都没有被长久使用下去。"

因为这种纸盒还可以直接放入烤箱里。于是京都的一家点心店就把卡斯提拉蛋糕的原料放进纸盒里进行烘焙，然后把带着纸盒的蛋糕直接摆在店面里贩卖。因为不需要烘焙器具，让制造过程更有效率，纸盒也为商品带来了附加价值，制造了"纸烘焙"的话题性，成为一时的焦点。于是新型的容器开拓了食品的新型商业性。

材料与设计

色彩纯正鲜艳的和纸不断吸引着人们

在日本有很多纸材还未被人熟知，但其实它们既富有魅力又有很高的利用价值。许多设计师和印刷公司都是通过大手的纸商来获取情报，订购纸张，而不在这种流通途径内的纸材就很难被人知道。特别是像和纸一类，专门用于制作礼金袋、壁纸、信纸等特殊用途的纸，如果不在该行业工作的话就很难有机会知道。

用机器抄制的话成本就不会很高

曾管理过多个印刷项目的Karan公司的北川大辅，就发掘了很多富有魅力却不在一般市场上流通的纸材。

如照片所示的和纸就是北川大辅发掘出的纸材之一，这是爱媛县的森下制纸厂制造并贩卖的染色和纸和金纸。染色和纸的颜色纯正鲜艳，同时还有着亚光的优雅质感。金纸也不是一味地追求花哨，而是给人低调又高贵的印象。森下纸厂的专务森下启三说："这类纸基本上只用于订婚礼品的包装纸等一些非常局限的场合。"

照片中橘色的小册子是北川制作的"高野山咖啡"宣传册。为了让更多人知道和歌山县的世界遗产高野山，高野山真言宗青年教师会每年都会在东京开办咖啡体验馆。宣传册采用和纸既表现了这一活动的传统性，同时它鲜艳的橘色又表现了活动的先进性。另外还有用金纸制作信封的例

配合独自开发的颜料，用机器抄制出了颜色纯正又优雅的和纸。森下纸厂报价为：500张530mmx394mm大小的和纸需约8000日元。

纸篇

子。活用和纸背面粗糙的质感，把金银碎片背面的白色也展示在了纸面上。

人们一听到和纸，可能都抱有一张就要1000日元以上的手工制品的印象。但是北川说："如果用机器抄制的话，价钱其实和国外的礼品纸没什么区别。"

材料与设计

比木材轻，比树脂坚固。

用硬化纸板制作的旅行箱会让人惊讶它看似厚重的外表其实很轻盈。这种材料从很早以前就用在剑道的护具上，它结实牢固，可以持续使用几十年。

推翻纸张柔弱的印象

制造这个旅行箱的是安达纸器工业。该公司的社长安达真知男说道："纸给人的印象一般都是薄而易损坏的，这种结实的纸材应该还不被人所熟知。"

这个旅行箱在2009年开始贩卖，各大百货店和专卖店都有进货，销路非常好。安达纸器工业还考虑将来可以让尺寸更多样化，并且让消费者们可以自己定制颜色。

硬化纸板的优点不仅在于结实和耐用，它还可以作为再生纸，废弃后可被回收再利用。也正因为它是纸材，才能够实现这样的特性。安达纸器工业围绕这一特性今后也会进行研

旅行箱"TIMEVOYAGER Trolley"。用硬化纸板制成的箱体耐冲击又不易产生划痕。再配合棉或木材纸浆等原料的化学加工，能让硬化纸板具有更高的强度和耐久性。硬化纸板有着100年的历史，它在工业材料、体育用品或生活用品等领域中被活用至今。

究和开发。

另外Nakabayashi公司利用这种硬化纸制作出了各种文具。如175页（两页后）下方的照片所示，兼顾别针和标签两种功能的"memoclip"，就是用硬化纸板配合高级纸制成的。在其表面可以用铅笔做笔记，且能反复用橡皮擦除。

Nakabayashi公司当时也考虑了塑料和涂布纸板等材料，但因为硬化纸板的适合度高、复原性强，于是就被选中了。

但是开始制作后，发现夹在纸上的"memoclip"特别容易脱落，这时Nakabayashi公司通过给别针的中心开几个小洞来增加它的柔韧度，便让"memoclip"能够更好地固定在纸上了。

Nakabayashi公司还对硬化纸板的耐久性，以及如何应对不同的温湿度进行了实验，让"memoclip"可以至少被使用5年之久，通过实验Nakabayashi公司制做出了能够强化

如图所示为镇纸兼纸刀具收纳，它由双色硬化纸板强力粘合而成。断面形成了对比鲜明的条纹。纸刀具出自安次富隆设计师，并由安达纸器工业进行制造。

藤城成贵设计的硬化纸板制灯罩。不需任何涂装，展现纸板本身的颜色。

"反复使用"这一特长的产品。这件产品在2年前就已经贩卖，到现在为止还没有收到任何投诉。

在海外备受瞩目的纸质家具

那么设计师是怎么看待这种硬化纸板的呢？

利用硬化纸板制作了灯罩的藤城成贵说："这种材料绝缘又很耐热，被广泛用于插口的制作。有着这样的特性，我想它应该也能用在灯罩上。在考虑设计方案的时候，发现这种材料能够弯曲和穿孔，我对此感到非常好奇。明明是自然材料居然也能像塑料一样成形，真是有意思。"于是灯罩上部的曲线就活用到了"像塑料一样"的设计处理。

藤城还设计了名为"埃菲尔"的三脚凳。这件产品使用了和硬化纸板同样牢固、坚硬又厚实的"PASCO"纸材。"PASCO"虽然不能进行弯曲加工，但很适合折叠加工，且原料中包含了废纸也是它的一个优点。

三脚凳的三条凳腿使用"X"形的纸板连接。原本的方案是只用一条纸板水平钉在两条凳腿之间当做横

采用了和硬化纸板很像的再生纸"PASCO"制作而成的三脚凳"埃菲尔"。照片里的三脚凳是已经使用一年的物品。藤城说："虽然座面有些微微下陷，但也正好体现了使用感的魅力。"三脚凳不仅轻，还能拆成薄片包装起来，运输成本很低。

梁，但这样的话，使用者就会把脚架在横梁上，纸的断面就容易受到损坏。即使是再结实的纸板，断面依然是它的是弱点，所以为了防止使用者把脚架在横梁上便有了现在的设计。

三脚凳的强度已经经过JIS的测试，达到了办公家具应有的标准。纸板的断面会随着使用变得越来越光滑，表面也会一点一点浮现出使用的痕迹，形成独特的风格，这也是纸材

的趣味所在。藤城说："就像牛仔随着穿用会掉色，不同的穿着习惯会形成自己独有的牛仔裤。"

"埃菲尔"三脚凳，采用了包含废纸的混合纸，构造上也只进行了最小限度的设计，它还被刊登在了美国的纽约时报上，作为环保产品成为热点话题。另外在运输时只要把部件拆解开装在箱子里，就可以节省很多空间，有着便于海外运输的优点。

Nakabayashi以"曲别针+标签"的想法制作了"memoclip"。为了突出运笔的优质体验，还把硬化纸板的表面与高级纸合成。由于纸的厚度影响到耐久性和生产时的成品率，在多次试做和商讨后，决定采用0.8mm的厚度。

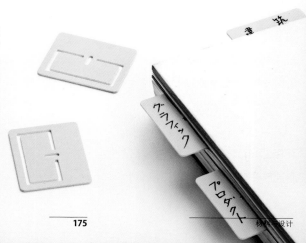

材料与设计

由美浓的传统与革新孕育而出的镂空纸袋

岐阜市的林工艺，使用自产的美浓和纸制作灯笼等照明器具并进行贩卖。如图所示的纸袋是2010年和设计师小野里奈共同开发的产品。

美浓地区从很早以前就在制造和纸，并以此为开端开发出了包括机能纸等丰富的纸品。小野和林工艺的林一康社长以"让传统的美浓和纸自然地融入现代生活"为课题，开展了全新的生活用品的制作。

在设计纸袋的时候，特别注意了它的镂空图案和尺寸。镂空的部分是用一种叫做落水的手法以蕾丝为印象制作而成的。图案采用菊花等自古被称作"七宝"的图形，并配合纸袋的大小进行了再设计。为了能让纸袋的镂空图案即使在反复使用后也能保持原有的美丽，在纸袋的内层还用一种机能纸进行了强化。机能纸是美浓地区生产的，一种可以通过加热粘接的纸材。

纸袋的镂空隐约透着里面礼物的模样，把整体的美感衬托出来。当你想送给重要的人礼物时，这样的纸袋是不是很合适呢。

纸袋有大、中、小三种尺寸，价格分别为大型630日元、中型578日元、小型525日元。无论何种尺寸的纸袋算上提手后高度都统一为26cm。这个尺寸来自于当坐在电车上把纸袋放在膝上时，不会妨碍到视线的实测高度。

纸浆模塑可以自由地进行设计并能表现各种质感，除了用来制作成杯面的容器外，还可以当做室内装饰的材料等

共同印刷开发的纸质容器的制造技术，可以应对各种形状的杯面。

以往，提到纸质杯面的容器，人们可能会想到以cup noodle为代表的杯型容器。而共同印刷开发的制造技术则是以纸浆为原料，把它注入模具中使之成型，因此形态制作的自由度很高。像用来盛盖饭的大碗型、用来盛汤汁的小碗形、用来盛炒面的四方盒型等，无论什么形状只要制作好相应的模具，基本上都能用纸浆成型。另外纸浆的表面还能做上深陷的压花。

从冰凉的陶瓷质感到温和的纸材质感，通过调整成型时的压力大小，可以让纸浆表面展现不同的表情，这一点也是很有意思的。比起用发泡聚苯乙烯制作的一般纸杯，Pulmolcup的刚性要更高，可以被紧紧握住，很安全。而且还可以放入微波炉加热，也有着和发泡聚苯乙烯一样的断热性等多项优点。

Pulmolcup的制造成本比起一般的发泡聚苯乙烯要高5倍左右。共同印刷准备先以能够大量生产的杯面容器为入口进行销售。

「纸篇」

把纸浆原料注入模具中成型出杯子。由于在模具中需要进行脱模，会出现分型线一样的条纹。目前能够实现的最小拔模坡度为6度。

当作为食品容器时，会在内侧贴上一层这样的薄膜。

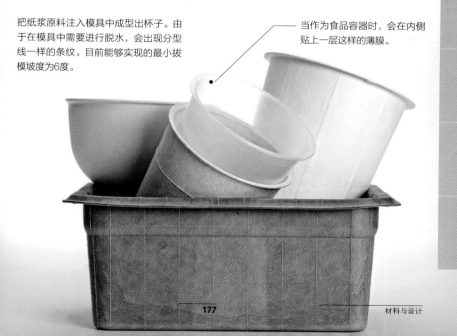

通过不同种类的职业间的合作，让纸绳发挥更多的作用

[纸篇]

CuiorA是富士商工会议所和设计师
岛村卓实合作的品牌。在这个品牌
下，他们用富士地区的纸材制作了一
系列商品。现在，他们还和植田产业
合作进行着新商品的开发。植田产
业是一家制造织布带的公司（织布
带是用来封住大米口袋的纸绳）。

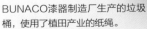

BUNACO漆器制造厂生产的垃圾
桶，使用了植田产业的纸绳。

照片中的垃圾桶和凳子色彩多样，特别吸引人的眼球。这些产品都用到了名为"织布带"的纸绳。这种纸绳平常是用来封住大米口袋的。

"织布带"由再生纸制作而成，宽为18mm，可以承载90kg重的东西，有着很好的耐久性和防水性，并且可以用缝纫机等机器加工，处理过程非常容易，一直只被用于运输领域中。

负责企划该商品的设计师岛村卓实认为，以活用材料优点提案更好的生活用品为出发点，纸材还有很多开发的可能性。这时岛村卓实想到了各地区的产业互助。他把纸材带入了青森县的BUNACO漆器制造厂，制作出了用织布带一圈一圈缠绕粘接而成的垃圾桶。另外还在新潟县的编织工厂生产出了靠垫套，采用织布带的原材料——纸绳进行编织缝制。想要推翻"纸材只能以它平面的样态使用"这种制纸业界的固有观念，必须要有想和各类领域的职种互相协作的姿态才可以。

能够以多种方式生产的纸材，在海外展览时也发挥了优势。比如在美国鲜艳跳跃的颜色很受欢迎，而欧洲则是更喜欢比较沉稳的颜色。于是颜色易于变更这一点就体现了纸材的一大优势。

今后，结合这种家庭类的制品，还可以展开面向酒店的系列产品制作，或是利用纸管制做出适合店铺贩卖的日常用品。

不管是立起来还是横倒着都能使用的凳子。由生产藤条家具的厂家制造。

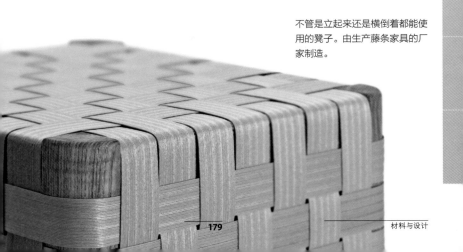

包装盒是点子和功夫的结晶

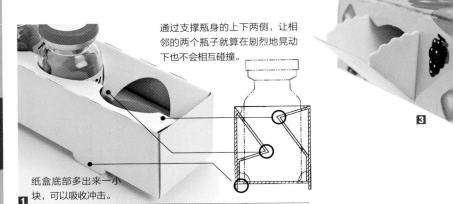

通过支撑瓶身的上下两侧，让相邻的两个瓶子就算在剧烈地晃动下也不会相互碰撞。

纸盒底部多出来一小块，可以吸收冲击。

1

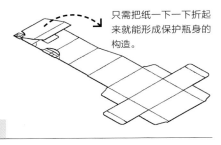

3

2

只需把纸一下一下折起来就能形成保护瓶身的构造。

从药品包装到点心包装，SIGMA纸业负责过各种各样的包装设计。**1**为不让瓶子相互碰撞的包装实例。**2**为只需卷起来就能形成的缓冲构造。右侧的展开图就是该公司的专利报道上登载的类似构造的图示。**3**为盖子的侧面是波浪形，打开盖子的时候会有"咔嗒咔嗒"的手感和声音，富有乐趣。

　　加工纸材有很多种方法，而且比起其他材料要容易实施加工，成品的精度也高。纸材因为这一长处，非常适合作为构造体被利用。

　　点心和药品等包装纸盒就是纸材作为构造体日益进化的一个例子。乍一看好似很平常的纸箱（本页），其实就如照片旁的说明中所写的，其

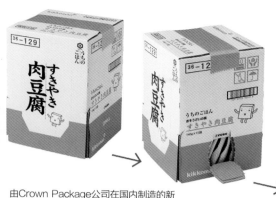

由Crown Package公司在国内制造的新型包装盒"barrit-box"。内外包装盒之间只有提手的部分是粘在一起的，当把提手部分剥开时，只有粘在一起的部分会被剥下来，这样拽住提手往上拉，就可以一下子把外面的包装摘下来了。现在Crown Package公司还在开发适用于礼品包装的构造。

中暗藏了很多工夫。

致力于开发这些纸盒的是SIGMA纸业。因为SIGMA纸业和其他很多公司都有签保密协议，无法和我们详细讲解纸盒的构造。于是我们自行对该公司的专利进行了一番了解，深深地被那些精巧且富有创意的作品震惊到了。

只需捏住、拔出这一简单的动作

店家仅仅是导入了一种运输用的纸箱，就提升了商品的销售额。这看似离奇的事情，则真实地发生在了超市、建材市场等大型零售店里。

它们都引入了一种名为"barrit-box"的纸箱。

在店里贩卖大部分商品之前，都要先把外面的大纸箱打开，拿出里面的小纸箱。因为很多时候商品会带着小纸箱放在货架上卖，所以在打开小纸箱的时候一定要注意不能把切口划坏。而用"barrit-box"纸箱的话，只需要用手捏住两端的提手往上一拉这一个动作就可以一口气打开内外两个纸箱了。另外为了让小纸箱也能起到促进销售的作用，还能在其上印制一些花纹或者配合POP装饰。

"由于摆货变得轻松了，可以频繁地补充货品了。""货架上很少有空着的情况了，这让我们的销售额也上涨了。"这些都是来自于各店家的反馈。

北川一成（Kitagawa Issei）
1965年生于兵库县。GRAPH首席设计师。1987年毕业
于筑波大学。2001年被选为AGI（国际平面设计师联盟）
会员。2004年，法国国立图书馆永久保存了他的多件作
品作为"近年印刷与设计的优秀之书"。2008年，作为
现代艺术家被选入"FRIEZE ART FAIR"。2009年在
ginza graphic gallery开办了自己的个展。曾获NY ADC
奖、TDC特别奖、JAGDA新人奖等多项奖大奖。

[纸篇]

靠手工艺人的技术制成的金块

并不需要特别的加工法，只需把迄今为止发展出来的技术再加以打磨，
便又能创造出更多的可能性。

制作精致的纸盒，有着让人联想到
金块的外观。你会感受到为了强调
压花的立体感，设计师在每一处
都下了功夫。这件作品由BONES
GRAPHICS的前田浩志担任设
计。北川负责印刷管理。

通体金色的包装，有着柔和的圆角R，把它拿在手可以体会到它沉甸甸的分量。当你想把包装的盖子打开时，一只手会紧紧握住盒体，这时会感受到它结实的刚性。盖上盖子时，还会发出"咚"的重音。压花的立体感带给人们视觉上的冲击，当你看到包装的时候，会一瞬间忘记这是用纸材制作而成的。

这是Ki/oon Record的摇滚乐队L'Arc~en~Ciel（彩虹乐队）在2009年5月发售的演唱会DVD《LIVE IN PARIS》的包装。担任包装设计的是BONES GRAPHICS的前田浩志，他的想法是把DVD包装成金块的样子。

初回限定生产的6万张DVD采用了这样的包装，发售仅一个月便销售一空。当然乐队本身大有人气是一方面。"这次的包装比以往更受到店面和媒体的关注，这一点也是不可忽视的。"Ki/oon Record的岩崎敦说道。

实现立体感的压花非常困难

这张DVD的主题是"旅"，收录了在海外的公演。于是前田以旅行箱为原型，设计出了既富有重量感，又

能在店面很显眼的包装。（下一页图中❶部分）。以这个设计方案为基础，岩崎制作人通过公司内部的制作部门联系到了印刷公司，对于方案的可实现性进行了摸索。

在摸索过程中发现，考虑到金色纸的伸缩性和强度，要做出浮雕感非常明显的花纹是比较困难的。岩崎说："制作负责人还曾建议我把材料换成皮革。"

虽然探讨了各种制作方法，但仍旧是找不到答案。就在离发售日还有两个月的时候，岩崎因别的工作遇见了印刷公司GRAPH的北川一成，在和他商量了包装的事情后，情况就此有了转机。

北川一边拿出一个个样品一边给他解释，设计师前田所追求的凹凸感也许不能百分百实现，但可以做到最大限度的还原。听了这番话，岩崎决定把印刷包装的任务委托给GRAPH。

之后的过程就如下一页的图表所示，GRAPH先对包装能否用镀锡铁皮来制作进行了调查。发现光制作出形状就要花2~3个月的时间。于是

材料与设计

包装的制作过程

负责管理印刷的GRAPH在短时间内进行了很多尝试。制作出了接近设计师构想的包装。

BONES GRAPHICS的前田浩志的设计手稿。以金色的旅行箱为原型，表面嵌有层次鲜明的立体凹凸花纹。

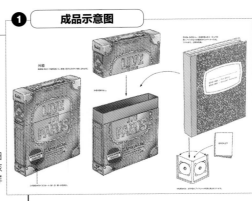

❶ 成品示意图

❷ 使用什么样的材料？

A
使用纸材

因为是GRAPH用惯的材料，多下点功夫是可以实现丰富的表现的。

B
使用镀锡铁皮

容易实现设计师追求的金属感和明显的凹凸层次，但是制作时间需要3个月左右，放弃采用。

❸ 如何制作盒体？

A
用厚质金属纸折叠制作

虽然这种材料很容易体现压花的立体感，但是做成的纸盒缺乏刚性和重量感，会显得廉价。

B
把金属纸贴合在芯材上进行制作

有很好的刚性和重量感，打开盒子时会让人感受到它出色的质感

但是仍旧存在着问题……

见2页后

GRAPH决定选用熟悉的纸材来尽量还原设计师的想法（❷）。

接下来要解决的问题是如何制作纸盒（❸）。GRAPH准备了两种方案：一种是用金属厚纸折叠组装成纸盒，另一种是取厚纸板的内芯，再其上贴上金属纸，做成纸盒。不过第二种方案需要手工贴合芯材和金属纸，比起第一种方案要贵100～150日元。

但是第二种方案的纸盒，明显更有重量感和高级感。要是想更接近金块质感的话，就只能选择第二种方案了。

为了突出立体感所下的功夫

第二种方案除了成本还有着其他的问题。当把厚纸板的芯材和金属纸贴合在一起时，需要利用到压路机。有了这一道工序，在金属纸上做好的压花都会被破坏掉（❹）。

如果利用做工精细凹凸鲜明的手雕压花版进行压花，就能把圆润的突起和尖锐的边缘等造型丰富地表现出来。但是因为无法事前预知纸材通过压路机后，压花被破坏成什么样子，且压花的雕刻版需要10天左右才

能制作而成，GRAPH便放弃了手雕版的压花。

这时GRAPH决定采用虽然立体效果没有那么明显，但是能保证一定质量的腐蚀版压花。并按照压花的深度和凹凸的方向分成了4版，强调出立体感（❺）。

尽管利用了这种方法，用上快要把纸压破的力度，也没能制作出充分的立体感。于是北川提出在压花凸起的部分再附上了一层胶印营造出阴影的感觉，就能让原有的压花显得更加立体了。

正好当时别的工程也需要用到胶印，在它的基础上增加一种颜色就能给压花印上阴影了，并且也几乎不会增加额外的费用。

最后就剩下寻找最能突出阴影效果的颜色了。GRAPH公司为此专门使用了调色机，通过混合墨水，制作了30多种色票（❻）。以黄色和红色为中心，尝试了一些有透明感和亚光感的颜色。可是这些颜色太过显眼，会让底色的金色变得暗淡。而且过于鲜艳的颜色还会让胶印和压花之间的细小错位变得明显，于是只好往

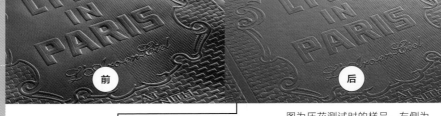

前　　　　　　后

［纸篇］

图为压花测试时的样品。左侧为压路机压合之前的样子。右侧为通过压路机后的样子。立体感相差很多。

接2页前

④ 不容易表现出立体感

芯材和金属纸贴合的时候会破坏压花的效果。

芯材

前　　　　　　后

压花加工后的金色薄纸

解决方法是?

A
使用雕刻版,尽可能做出够深够明显的凹凸图案。但是图案通过压路机后无法预知会变成什么样。且光制作雕刻版就要花10天。

B
活用压花加工
①根据压花的高度分成4版制作,以突显立体感
②在不破坏纸的前提下用最大的压力进行加工

上图为压花版的分解图。黄色和深蓝色是高度不同的凸版压花。红线部分为凹版压花。蓝色是磨砂的压花版。

即使这样立体感还是不够

于是
用胶印的方法附上阴影

阴影加在哪儿?

如下方伪真图,在红色部分印上合适作为阴影的颜色。

⑥

选择什么颜色?

GRAPH公司以透明的黄色和红色为中心试做了30多种颜色样品。
虽然颜色本身很漂亮,但是太过显眼不适合用做阴影。

⑤

阴影的颜色中加入蓝色中和一下。

在接受GRAPH的提案后，设计师前田也改良了自己的设计。他把覆盖在纸盒全身的网格改成倾斜的形状让立体感更能被表现出来。这件包装是设计师与GRAPH一同协作、反复尝试的产物。

最重要的是如何对症下药

胶印和一般的压花加工单从技术上来看，都不是什么崭新的加工法，也没有在挑战高难度的作业。但其实，在制作的背后却隐藏了通晓技术的智慧结晶。

例如，如果胶印后再实施4次压花，每一次都会让纸发生伸缩，于是就无法达到预估的精度。因此，在这次的制作中，先计算好每一项工程会让纸材发生多大的伸缩再实施加工。另外北川还讲到他们把压花板的制作、压花加工和盒体成型作业这些

任务特意委托给了值得信赖的加工工厂，并专门指定了手工艺人，为的就是彻底地管理精度问题。

"但是最重要的还是要清楚什么样的技术能够实现何种效果。要对症下药。"北川这样强调道。岩崎说："这一次制作的包装盒在找到GRAPH之前，曾拜访过其他公司，它们连样品都无法制作出来。"也就是说虽然印刷公司都拥有同样的技术，却只有GRAPH提出了实行方案。

单纯地只掌握技术是没有意义的。当今时代重要的是，要看透这种技术的潜力，知道应在什么样的场合、怎样运用这种技术才能达到期望的效果。现如今的产品制作都被预算限制着，新的挑战和尝试都背负着失败的风险，变得难以应对。但也因为这样的境况，我们才更应该重新审视现有的技术，让自己达到运用自如的程度。

→ 解决方案 → 还有其他待解决的问题 → 完成

做成亚光质感，并混入些蓝色让颜色更像阴影。

想要避免压花版之间的偏离，和盒体成形后的错位。
解决方案 ↓
委托给技艺精湛的手工艺人来制作压花版。

材料与设计

第 4 章

木材的基础知识

拓展造物可能性的材料·技术研究

木材活用法的成功设计案例

木材的基础知识—1／木材的种类

包括国产和进口，日本有各种各样的木材。各种加工木材也很多。

在使用各种高科技新材料和加工技术制造的新型家具相继推向市场的浪潮中，木制家具仍保有其强大的人气。这源于木材本身有很多种类，而通过现代加工技术制作成的人造木材更是变化多端。在了解木材的特性和加工方法的基础上，设计师和厂家不断推出新样式。

首先木材的种类大致分为针叶木材和阔叶木材。一般阔叶木材的材质偏硬，而针叶木材比较软，干燥处理和加工都较简单。第2页开始的表格，简单介绍了常见木材的名字和特征。根据木材的产地、种类以及部位的不同，其性质也有很多差异，大致介绍如下：

刚刚砍伐的木材是不可以直接使用的，一般需要将含有60%以上的水分的木材干燥到12%～13%。如果干燥不充分，木材容易变形。

相比材料的特性，第二重要的是加工方法。把木材直接切割叫做"刨削（或实木）"加工方法，这种方法最能够表现木材天然性，因此也最受欢迎。但是，通过不同工艺加工后的木材，不仅可以体现出木材的特性，还能修饰缺陷，所以实木加工法也并不能说是最好的。

著名的迈克尔·索耐特设计的弯木椅子和伞柄所使用的加工工艺叫做"弯木技术"。是利用蒸汽喷射使其软化，然后放入模具内把弯曲木材定型。

另外很久以前开始使用，但近年来经常被提到的胶合板（关键词❶），ply也就是夹层状的木材，简称为胶合板；还有叫做MDF（中密度纤维板）和OSB（欧松板）（关键词❷）等这些类似木质人工板材，作为保护森林资源、关爱环境的一种环保材料也越来越受到关注。

但是木制家具的人气依然很高，即便控制进口家具和进口木材的涌入，但国产家具和国产木材的销售状况增长仍旧缓慢。在人工费昂贵的日本，制造性价比高的产品是很困难的。但是也有像天童木工和秋田木工那样，重新生产20世纪50～60年代的家具，再次提升品牌影响力的厂家。林业厅和家具行业团队也一直致力于国产木材的安全性宣传以及品牌的建设中。

关键词❶ **胶合板**
plywood

把切成片的薄板沿着纤维的方向交错重叠摆放，经过热压缩后粘着在一起。这种工艺能掩盖天然木材中品质偏差的部分，使品质均衡化。而且薄板木材干燥彻底，使用时不容易发生受潮翘边和松动的现象。纤维参错拧合，增强了板材的强度。放入模具中热压还可以制造复杂的弧形。从20世纪20～30年代，这种板材被众多设计师和厂家研究开发应用于家具中。阿尔瓦·阿尔托是其中

使用胶合板制造的"蝴蝶飞舞形状椅"（天童木工）

的第一人。之后，由于军用需要增加生产，技术也有所提高，第二次世界大战后大量应用于家用家具中。

关键词❷ **MDF、OSB**
中密度纤维板、欧松板，学名：定向结构刨花板

MDF是把加工过程中剩下的废弃木材纤维化，然后加入黏着剂，热压成形的类似木材性质的板材。纤维系木质板材根据密度有不同名称。一般MDF"中密度纤维板"是在0.35g/cm³～0.8g/cm³之间。密度高的叫做"硬质纤维板"（密度在0.8g/cm³以上），密度低的叫做"软质纤维板"（密度为0.35g/cm³不到）。中密度纤维板成本低，有一定的强度，而且木材材质整齐，所以广泛应用于搁物架、桌子等平板家具中。

OSB（欧松板）也叫做刨花板，是把细长的薄木片间用合成树脂粘合，热

椅座表面使用了MDF的"四叶草椅"（天童木工）

压成形的木质板材。大多用于建筑基础材料。因其能够看到木纹质感，有独特的风格，所以也开始应用于家具中。

材料与设计

木材的基础知识—2／木材的名字

针对家具中常用木材的说明。
及其特征。

针叶树种

❶松／松树 ❷pine ❸日本、北美、欧洲等全地域 ❹弯曲时相对硬度大、质轻、防水。能用以制取大尺寸木材。因价格便宜而且含有油脂，不仅是木工常用的木材，也是提取油脂工程的必要原材料，取材20cm见方的体积需要生长3~4年时间。

❶云杉 ❷spruce ❸北美。与西伯利亚大陆的北洋冷杉同一树种。❹松树的一种。树体呈白色至淡黄褐色。木纹笔直。木质轻软，有弹性。不含松树科特有的油脂，因为基本无味所以用途很广。

❶杉木／西洋杉 ❷cedar ❸从本州岛北部到屋久岛，遍布日本全境。北美 ❹成长快，因为树干笔直生长，所以多用于植树造林。香味佳，质软易加工。杉树纹理笔直好辨认。耐水性稍差。

❶日本侧柏 ❷Japanesecypress ❸日本 ❹在日本的种植量仅次于杉树。其香味佳，有光泽，耐久性高。用于浴室木桶、地板等耐水性要求较高的地方。虽然比杉树硬但易于加工。

阔叶树种

❶柚木 ❷teak ❸泰国、缅甸、印度尼西亚等 ❹对多种化学物质有较强的耐腐蚀性，因为含有木质焦油成分，耐腐蚀。因此很久之前就被用作造船。能抗白蚁。虽然风干缓慢，但干燥过程中不易出现弯曲。是高级木材的一种，现在因为自然环境保护的原因，很多地区禁止采伐，进口变得困难。

❶胡桃木 ❷walnut ❸美国东部，加拿大安大略省等 ❹木质稍硬，不易翘棱。树木肌理稍粗。特别适合于涂漆和喷漆，以及易于打磨。胡桃木的加工性能良好，铆钉、螺钻和胶合均适宜。其因强度之高被用于枪托、枪柄。

❶泡桐木 ❷paulownia ❸几乎遍布日本全境、中国台湾、美国 ❹日本产的木材中最轻的。材质软，湿气强，易于切削加工。因为不易燃烧常用于制作金库的内箱材。强度差。去涩不彻底的话，就会渐渐变黑。

❶桃花心木 ❷mahogany ❸中美、南美 ❹淡红褐色到淡黄褐色，有金色的光泽。自然风干快，易于加工，耐久性好，不易翘棱和开

裂。洪都拉斯产的桃花心木被认为是最高级的，但因其有濒临灭绝的危机所以很多地域禁止采伐。

❶枫树/槭树 ❷maple ❸加拿大、美国东北部 ❹木质坚硬，纹理细密。不易翘棱耐冲击，但加工比较难，根据切割方法以及切割部位不同，呈现出圆形或者条纹状。

❶山毛榉 ❷beech、oak ❸日本、欧洲、北美 ❹比较硬，因为适合弯曲加工，经常用于制作椅子。木材干燥缓慢，干缩大，干燥时易发生开裂、劈裂及翘曲。是栎属树、橡树、枹栎树的同种类。白山毛榉不易溶于液体，并有强度和耐久性，所以常用于制作威士忌的酒桶。

❶桦树 ❷birch ❸北欧。分布于日本本州岛中部以北，多为北海道产。❹种类多。纹理细致表面精美。加工容易。抗腐能力较差，易受虫害。虽不易弯曲，长时间受潮易变形。

❶紫檀 ❷Rose-wood ❸全球热带到亚热带地区（巴西、中美、东南亚等）❹芯材（木材接近中心的部分）是红紫褐色到紫色那种暗褐色。黑紫檀有条纹图案。木质细致。纹理稍粗，打磨的话会出现漂亮的光泽。耐久性高。

因为木质较硬，干燥及加工较难。巴西产紫檀被华盛顿公约组织列为濒危物种，禁止出口国外。

❶黑檀/乌木 ❷ebony ❸分布于以印度尼西亚为中心的东南亚地区 ❹密度大、硬度高，加工困难。耐久性高。树脂多、打磨发光。越黑价格越高。纯黑的被叫做"本黑檀"，有条纹图案的被叫做"缟黑檀"。现在纯黑的"本黑檀"基本采伐不到。

❶柳安树/南洋木材 ❷lauan ❸东南亚、南亚 ❹于东南亚采伐到的木材统称南洋木材。用于日本9成以上的胶合板的制作。多为轻软的木材，加工容易。易受虫害。

木材以外的天然材料

❶藤木 ❷rattan ❸中国南部、亚洲热带地区 ❹属于棕榈科藤蔓类植物，因其柔软使用广泛。且强韧有弹力，即使弯折也不易断。

❶竹 ❷bamboo ❸东亚整个地区 ❹丰富生长的竹子有弹性不易折断，弯曲加工简单。但是因为竹子是空心的，运输效率较低，不适合大规模生产。

加入毛毡、亚克力、纸夹层的合成板，拥有丰富表情的横断面。

赋予家具空前魅力的胶合板诞生了。从事定制家具的设计和制作的Full Swing，和擅长活用素材特性进行产品及室内设计的Drill-design共同运作着名为"合板研究所"的项目。其研究成果也备受家具市场关注。

胶合板研究所开发的胶合板，在木制薄板中间夹入了纸、亚克力等材料，形成了美丽的横截面。这款胶合板将由北海道的泷泽胶合板公司进行销售。Drill-design的林裕辅和安西

叶子在Full Swing的工场中看到了用来贴合胶合板贴面的冲压机，认为它还有其他可用之途，便向Full Swing提出了共同研究的事宜，也因此成为了开发此胶合板的契机。

用合成材料可能性更广阔

很早以前林裕辅在室内装饰及家具设计中，就发现了开发有漂亮横断面的胶合板的必要性。最初研发的时候，首先考虑的是，把不同种类的

胶合板研究所研发之初，用手工在木与木之间夹入纸和亚克力等各种材料，研发出来有漂亮横断面的合成板。

木材合成。之后，又加入亚克力以及毛毡等其他材料，尝试区别于一般木板，研发由多种材料粘合的合成板材。

这个时期的产品，如左下图汽车玩具那样，是一种将木材和亚克力重叠制作而成的胶合板。车的形状和轮胎的部分重合将不必要的部分削切掉，嵌入圆棒作轮胎。

然后把制作好的胶合板，像切羊羹那样切成适当的大小就完成了。根据切割部分形态的不同，可以做成各种车型。"也许让玩具以称重量出售的新出售方式将成为可能。"（林裕辅）提出一种新的娱乐方式。

继这种尝试之后，企业又不断扩大和改进了材料的应用范围。刚开始横断面部分的木材颜色不稳定，"因为使用了弯曲加工用的胶合板而实现了切口整齐稳定。"（Full Swing的佐藤界说）。而成为材料开发转机的，

是将其应用于文件夹的制作，发现一种叫做"四叶草纸"的纸。这种纸厚而且颜色清晰，形成别具一格的横断面。因为纸本身是成品，适合量产却不用担心生产成本。另外，这种纸本来就是用于文件生产的纸，在柔韧性以及耐切割强度方面都不逊色。更有利的一面是，在废弃的时候还可以作为可燃垃圾处理。

用这种新材料制作的家具新品在2009年4月的米兰国际家具展上发布。设计的魅力毋庸置疑，据说因其对环境伤害小而被视作优秀的材料，在海外备受瞩目。

中间夹入纸和其他材料，加上木头切割方法的不同，引发了材料视觉的大改变。

在数码相机上使用天然木材，会更加引起人们的疼爱之情。

平滑的曲面释放着柔和的光泽，米黄色的木纹肌理意外地和金属部件非常相配。这是由OLYMPUS开发的拥有天然木材外壳的数码相机试做机。为了展现天然的木质光泽，特意没有在表面涂上涂料。靠近它可以闻到木材的清香。

开发负责人说，10年前就在考虑用木材制作数码相机了。但是如果不进行任何加工的话，为了保证强度和硬度，外壳会变得很厚。要想实现适合数码相机外壳的薄度，就需要有能够提高强度和硬度的成形技术。

在第二次世界大战前出现了一些关于制作木材飞机螺旋桨的研究和加工技术，OLYMPUS参考了这些知识，并与正在研究压缩木材的岐阜大学合作，共同寻找制作木质相机外壳的开发方案。最后终于找到了可以压缩木材提高其强度和硬度的解决方法。

解决方法就是在压力锅中设置冲压机，把气压升高，让水蒸气的温度达到100℃以上，让木材变柔软，防止木材在冲压成形时产生断裂，然后进行冲压加工。加工后相对密度约为0.4～0.5的柏木被压缩到相对密度为1.0以上（约2.5倍多），这样的薄度

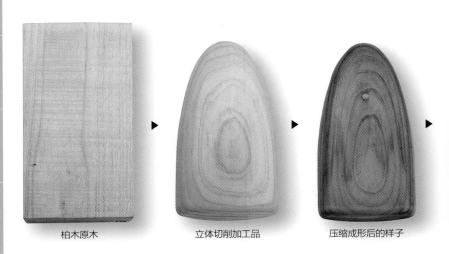

柏木原木　　　　　　　立体切削加工品　　　　　　压缩成形后的样子

长边为110mm，短边为60mm。木材厚度不到2mm。

就可以作为电子器械的外壳使用了。而且它还比电子器械常用的外壳材料聚碳酸酯或ABS树脂的硬度要强。

在成形后，OLYMPUS活用自己的高面精度镜头模具加工技术，让木材在没有任何修饰的情况下释放自然的光泽。

这件作品还没有商品化的计划。OLYMPUS的工作人员说："我们眼前的目标是让技术成熟到可以生产1000个左右的程度。还要研究柏木以外可使用的木材。"

由于每一台的木纹和颜色都多少有些不同，如果把它商品化，那么自己便拥有了世界上独一无二的数码相机。真的能够实现的话，想必人和电子器械的距离也会缩小吧。

加热处理后的样子

完成

把柏木原木立体切削后，进行压缩成形。通过加热处理调节其颜色。

材料与设计

将天然木头加工成薄片状，保持木质手感受到家电制造企业的青睐。

将天然木材做成薄板而开发的新材料"Tennâge"是大阪的zero1产品。

设计师因想要做一种前所未有的包而开始关注木头，但是，如果仅仅把木材加工成薄片粘贴在包上，使用过程中很容易划破和剥落。因此，为了寻求新的材料，企业与龙谷大学理工部的大柳满之教授合作一起进行材料开发。

在多次试验失败的基础上，最后终于试验成功：把实木切成薄片然后用树脂固定，保留了木材的质感与手感的同时，还具备了易弯折不易破裂的强度及柔韧性，能够进行缝纫加工的实木薄片材料诞生了。这种材料获得了日本和美国的专利权，并且推出了用这种"Tennâge"材料制作的拎包系列产品。

从这种材料完成的初期，就引起了家电生产商的关注。木材因受湿度和温度影响很容易变形，并且容易

木编织的"Tennâge"拎包产品是目前的主打产品。

softbank移动终端2008年3月开发推出的SHARP生产的终端机"823SH"。在牛皮、碳纤维等十种底板中，黑檀新款使用了"Tennâge"。

[木篇]

发生开裂和翘曲。虽然木材拥有独特质感，用作外装材料会很有魅力，但很难符合家电的耐久使用的要求。而"Tennâge"的出现，解决了常年困扰家电生产商的问题。

首先采用这种材料的是松下电工的照明器具。其次采用的是softbank移动终端推出的木底板手机。手机是人们每天需要随身携带的产品，是家电中对耐久性要求较高的产品之一。据说softbank移动终端也是在进行了各种木材的伸展收缩等测试之后，选择了"Tennâge"。

从家电生产商以及职业人员的使用反馈中，展示出了"Tennâge"素材的更多可能性。目前，汽车生产商也开始咨询。

自由度更高的"木编织Tennâge"

"Tennâge"的升级版是"木编织Tennâge"。是由平面的薄片"Tennâge"改良而成，能应用于立体造型的新型木材。"木编织Tennâge"是将"Tennâge"切成细条状，然后用"西阵织"的技法编织起来的编织物，竖线用"Tennâge"，横线用聚酯，像普通编织物一样可以应用于各种用途，而且强度比普通织物还高，相比"Tennâge"扩展了造型的自由度。竟然可以使用于拎包上，而且还那么适合，不是吗？

材料与设计

小泉诚

1960年生于东京。1985年师从于原兆英氏、原成光氏。1990年设立小泉工作室。2003年在东京都国立市成立了用于发布、出售自主产品的"小泉道具店"。2005年担任武藏野美术大学空间演示设计学科教授。2003年开始多次获得JCD设计奖优秀奖等多项奖项。

木材毫无疑问可以做成适合肤质的东西

想要很好地利用木材，跟产地和工厂之间的交流必不可少。
小泉诚述说了各种各样挖掘木材魅力的方法。

小泉诚平常喜欢细心地观察人与物的关系，设计从筷架到建筑，以及与生活相关的各种道具。仅从小泉最近的工作内容就能看出他活跃的范围在不断扩大。如负责过海外展会的布展、家电研发、与地方产业一同着手家具设计等。虽然领域不同，经由小泉诚的设计后，无论什么产品都隐含着亲切与温暖。

肌肤能够触碰的地方
需要使用无污染材质

"多考虑与手适合、与环境适合的设计。"小泉喜欢用心制作拉近人与物距离的东西，尤其钟爱使用木材。他说："木材是一种触摸的时候不觉得冷，心情会好，而且越用越顺手的材料。"用贴合肌肤来形容树木的柔和质感，可能刚好符合小泉的设计理念吧。

小泉运用材料的想法，在他2002年亲手设计的住宅"T+M HOUSE"的实例中可以了解。那是一项预算有限，依照顾客的需求根本无法完成的住宅设计项目。在如此严格的约束中，为了制作让人舒心的房屋，小泉"使用了能够贴合身体，对场所又无污染的木材"。

在这所住宅里最讲究的是地板。因为这是住宅当中脚掌接触最多、有时候还会躺下全身接触的地方。接下来花费较高的，是仅次于地板，人身体接触较多的椅子、桌子等家具以及门把手等。

而另一面，人几乎不直接接触屋顶，"说得极端一点，什么都不贴也可以"。墙壁不是频繁接触的东西，仅仅选用与环境适合的便宜塑料壁纸或者用涂料涂装就足够了。从这些家装的思考方法中，呈现出小泉特别重视触感等感性品质的理念。

不能局限于教科书，更需要去看现场

为了最大限度挖掘木材的魅力，小泉致力于去产地与工厂跟现场的技术人员进行深入地沟通，在理解的基础上再进行设计与制作。

比如他与宫崎县都城市的地方企业商品开发项目合作设计的"BEPPU"桌子。小泉使用了宫崎县当地盛产的杉树制作，桌面使用集成材料，与桌腿部分连接的地方，使用了传统建筑中榫卯连接的组合方式，没有使用钉子和五金配件。

杉树笔直鲜明的纹理很美，但另一面却有着柔软易划伤的缺点。一般常识而言，杉树是作为建筑用材使用的木材，不太适合用于制作桌椅等带腿的家具以及收纳用的箱子。

但是，在温暖的气候中长成的宫崎杉树，因为年轮浓淡色差小，相比其他产地的杉树，纹理细腻柔和。另外一个特点是，因为杉树被精心修剪过没有外生枝节，呈现出一种优雅之美。

"用这种材料，试试制作身边的生活用具吧。"在这种想法的驱使下，视觉上能看到木材优美的纹理，整体如建筑般端正的桌子"BEPPU"诞生了。桌面和桌腿衔接的接口"看上去只是用单纯的榫头连接，但其实内部的工艺做到了几乎无法拆解的稳固性"，用这种结构方式增大了桌子的强度，填补了木材柔软的缺点。

小泉说："不是单单因为要量产，而是因为企业拥有一批有高超技术的精巧工匠，不断克服生产难关，最后才能够做成这样的桌子……即便使用同种类的树木，工厂的不同，擅长的方面不同，相反不擅长的方面也不同，最后的结果也完全不同。"小泉还有一个理论，无论多少次去工厂了解当地的素材，如果不熟悉工厂拥有的设备和技术，想要出好的设计以及制作优秀的产品也是不可能的。因此，单从教科书上获取知识没有用。

使用宫崎杉木制造的"BEPPU"桌子。面板与桌腿连接处的结构设计几乎达到不可拆解的牢固度（摄影：梶原敏英）

comisen镜子。在木材连接交叉处的榫头内砸入木栓，这也是"木楔子"的由来。使用栎木材（摄影：梶原敏英）

制造不勉强的产品

如果在熟悉工厂的情况下设计产品，就会考虑降低成本，减少工厂的负担。由此生产企业能够长时间持续地进行生产。

并且不对材料进行不必要的加工，保持本身的味道，也将使其成为长期被人所爱的商品。对于材料也好加工者也好，多考虑"不给其增加压力"，才是商品能长期在市场上备受关注的重要条件。

就木材来说，每棵树的品质各异，且容易翘曲、开裂，同其他工业用原料相比，易脏，易被划伤。想要弱化这种特质，需要用高温高压对木材进行固定，并在表面涂抹聚氨酯涂料等，这是目前家具制造的实际状况。这样加工后可以使木材避免暴露于干燥的空气中，确实也保证了品质，同时也不易划伤。因企业都想要进行低成本的量产，就无法避免会对木材进行施加压力，进行不合理的加工。

但这样便将木材本身的质感和

[木篇]

差不多都是昭和四十年（1965年）之前制作的椅子。其中大多是用杉树、日本扁柏、松木这类针叶树木材制作。看上去都散发出当地树木的味道，制作的人也是当地的工匠。因为孩子们容易粗暴地使用，所以可以想象柔软的针叶树木材其实是不适合做椅子的，但是工匠使用直材打楔子，可以看出他们想通过建筑的构造形式来增加椅子的强度。而且，因制作简单，即使坏了也能简单修理。

针叶树木材较轻，孩子们也能够轻便搬动，使用本地木材十分便利。对可以使用的木材进行调整，仔细考虑使用者一方，一直到成品完成，"干脆、合理的制作方法"都被考虑到了。

产地和制作方、使用者之间正是因为有着非常亲近的关系，才会制作出这么自然的物品形态。在这种构筑关系日渐艰难的当代社会，小泉将这种理念融入自己的理想，赋予其设计的椅子之中。

触感掠夺了，无论使用什么样树种，都看不出品质的差异，便宜木材被随意使用，其结果就是使用户失去了对木材的钟爱。"欣赏物品经由岁月变化而呈现出来的美，是日本传统的审美文化，这样没有质感的生活用品将减弱人们对美的觉察力，也将无法延续培育日本人所特有的关注身边材料之美的修养。"

制造拉近生产者和使用者距离的产品

小泉提倡的"不增加压力"的设计理念，来源于一种意想不到的物品，即小泉收藏的"旧小学椅"。他从学生时代开始就一点点收集，每到一个地方就会去当地的古董店寻找并收藏，数量迄今已经超过10把。

材料与设计

若能激发出产地的力量，
木材的魅力将会自然而然地得到提升

挖掘木材的魅力，归根结底还是要激发加工木材者的潜力。

富山县富山市、福冈县大川市、宫崎县都城市等，小泉诚频繁地拜访了各种各样的家具产地，并同当地的制作商一起制作了许多家具和生活用具。这其中有一家小泉很信赖又有些特别的工厂——位于德岛县德岛市的"桌子工作室kiki"。

正如其名，该公司生产、出售的主要商品都是桌子。但是，小泉同这个工厂一起研发的则是圆规、名片夹、厕纸座等很多生活用具。这样一个约有10人规模的小工作室并没有什么大型设备，为什么对于小泉而言是特别的存在呢？

答案就在小泉持有的藏品之一，照片"木材标本"之中。照片拍摄的是一个木制的平板，它是桌子工作室kiki用桌子的废料制成的样本，集合了黑檀、花梨、神代榆树等18种木材。在平板上用激光将木材的特征以及名字雕刻在上面，并用皮革的绳子串联起来。

拽住绳子把平板拿起来，木材之间会发生碰撞，传出像乐器一样清脆悦耳的声音。不仅能从刻在这件标本的说明中了解木材的特征，还能通过触觉、视觉、听觉等五官感受，来体会每种木材的质感。

但是，如果想在这个样本组合中再加入新的材料的话，需要花费5万～6万日元。其实很少有制造商能集合这么多种木材，普通的制造商甚至都不会想要去制作。然而桌子工作室kiki能够实现这样的想法，全靠工作人员们的一份热忱，他们想要将木材的魅力传达给大家。小泉便被他们对木材的这种执着感动了。

通过不懈的努力以及人与人之间的联系
把不可能变为可能

桌子工作室kiki和小泉最初一起开发的6件套筷架"ROCCO"，让我们很好地了解到制造商是如何凭借自己的热情制作出有魅力的商品的。

桌子工作室kiki和小泉在2001年制作的筷架"ROCCO"。使用了黑檀、铁刀木、神代榆树、花梨、榉树和槭树6种木材。（摄影：篠原裕幸）

[木篇]

制作桌子时产生的废料原本是要扔到暖炉里烧火的，可是喜爱木材的工作人员却非常不忍心，虽然只是废料，但也是质量很好的木材。于是，工作人员就有了想把这些废料有效地利用起来的念头，便和小泉进行了商谈。

小泉看到放在工作室里的多种木材后，选取了其中特别有魅力的6种，提出了做成筷架的想法。于是，便有了6个三角柱筷架，它们可以整齐地收纳在开有圆孔的木盒里。也正因为是桌子工作室kiki，才能在一件作品里用到了黑檀、铁刀木、神代榆树、花梨、榉树和枫树这么多材料。

事实上，当初小泉并没有想到要连盒子都做出来。虽然机器能够自动切除三角柱形的筷架，但最终的打

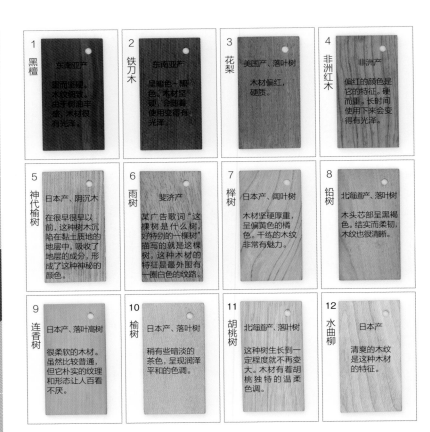

1 黑檀　东南亚产　重而坚硬、木纹细致。由于树油丰盛，木材很有光泽。

2 铁刀木　东南亚产　呈褐色～黑色、木材坚硬，会随着使用变得有光泽。

3 花梨　美国产、落叶树　木材偏红，硬质。

4 非洲红木　非洲产　偏红的颜色是它的特征。硬而重。长时间使用下来会变得有光泽。

5 神代榉树　日本产、阴沉木　在很早很早以前，这种树木沉陷在黏土质地的地层中，吸收了地层的成分，形成了这种神秘的颜色。

6 雨树　斐济产　某广告歌词"这棵树是什么树，好特别的一棵树"描写的就是这棵树。这种木材的特征是最外围有一圈白色的纹路。

7 榉树　日本产、阔叶树　木材坚硬厚重，呈偏黄色的橘色。干练的木纹非常有魅力。

8 铅树　北海道产、落叶树　木头芯部呈黑褐色。结实而柔韧，木纹也很清晰。

9 连香树　日本产、落叶高树　很柔软的木材。虽然比较普通，但它朴实的纹理和形态让人百看不厌。

10 榆树　日本产、落叶树　稍有些暗淡的茶色，呈现润泽平和的色调。

11 胡桃树　北海道产、落叶树　这种树生长到一定程度就不再变大。木材有着胡桃独特的温柔色调。

12 水曲柳　日本产　清爽的木纹是这种木材的特征。

磨和上油仍需要手工完成。因此小泉说："把筷架定价3150日元，也仅仅覆盖了只制作筷架的预算。"然而桌子工作室kiki的员工们则对自己的加工过程加以研究，通过和当地工厂的合作来弥补自己不擅长的地方，让预算有了宽裕。于是便多出来一个能够收纳筷架的木盒，商品的价值也得到了提升。

　想要制作出能吸引用户想去使用的商品，需要制造商和设计师把自己对商品的想法都分享出来。否则，制造商和设计师都各执己见，就有可能导致产出的商品只能附和其中一方。所以作为设计师一定要了解制造商的想法再进行设计。

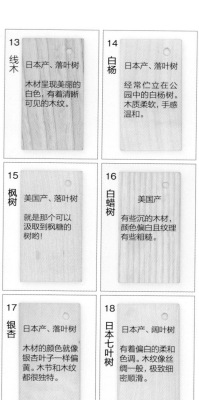

13 线木 日本产、落叶树 木材呈现美丽的白色，有着清晰可见的木纹。	**14 白杨** 日本产、落叶树 经常伫立在公园中的白杨树。木质柔软，手感温和。
15 枫树 美国产、落叶树 就是那个可以汲取到枫糖的树哟！	**16 白蜡树** 美国产 有些沉的木材，颜色偏白且纹理有些粗糙。
17 银杏 日本产、落叶树 木材的颜色就像银杏叶子一样偏黄。木节和木纹都很独特。	**18 日本七叶树** 日本产、阔叶树 有着偏白的柔和色调。木纹像丝绸一般，极致细密顺滑。

小泉持有的木材标本。由桌子工作室kiki制作而成，共18种木材板，刻有木材的名称和特征。小泉在讲解木材的时候非常重视它。

材料也好、制造商也好，都要因地制宜

现今在日本，无论在哪儿，只要通过木材批发商都能够买到国内外各种各样的木材。这也就意味着，家具的产地和木材的产地不一定要一致。实际上地方的家具产地，已经很少使用本地的木材了。不过那些以地域产业振兴为目的的商品开发项目却容易陷入"必须使用当地材料"的"本地信仰"中。

确实在以前，使用本地的木材制作商品是很自然的事。但是，考虑到现今的木材流通情况，拘泥于本地的木材反而会显得不合情理。同时也需要设计师对材料和技术有更透彻的理解。

在富山市的大山地区（以旧大山街为中心的地区），展开了"与树木相遇"的城市建设主题活动。街角的标识牌、公交站以及长椅、交流中心等都使用木材进行着制作。大山地

材料与设计

区的93%都是森林，也因此有了"森林之街"的称号。然而这片街区出现了一座座用混凝土等新型建材建成的住宅楼，对此产生疑问的当地住民便提出了意见，促成了一项行政事业。小泉也作为设计师参与到这项工程中。

交流中心的建筑物是用当地的杉树建成的。但是放在建筑物入口由小泉设计的长椅则使用了进口白蜡树。白蜡木材易加工，外观也很美。这件长椅出自当地的工作室，这家工作室在平常的家具制作中，就会选用最相适的木材。所以对于这次的选择他们也非常有自信。

屋外的广告板，则选用了进口的桂兰。这种看板需要承受风吹雨打，如果选用杉木的话恐怕会立刻破损的。

这项工程的一大重点是："地区的人们能用自己的双手来维护设施。"这样的话，就能让人们变得爱惜事物，进而培养人们爱惜森林的观念。

因此，运输一些具有一定耐久性，且能够在当地工厂加工和修理的

材料就变得至关重要。小泉认为，虽然日本各地都有很多杉树，但也不一定非要去使用它。不然作为制造者的立场就会变得混乱，容易迷失制作的本来目的。

小泉对于商品制作的态度，源于对"第二次世界大战后的商品并不是以使用者为出发点，而是优先销售一方"的愤恨。如今，在这个物质过

剩的时代，制造商是否为消费者提供了真正必要的东西，是需要去认真反思的。不然设计师和产地制造商的合作方式就会出现问题。

作为当地产业振兴的一环，一些自治体会出资支援制造商和设计师的合作。但是，也出现了很多设计师和制造商的价值观无法得到共通的情况，最终设计师只能作为"从大城市临时来的客人"结束工程。

为了不陷入这种状态，小泉说，首先要"倾听"制造商的想法。"每个产地都有自己专门的技术。了解制造商想要生产的商品后，再把他们的技术活用到商品的制作中。这是设计师必须具备的能力。"做到这些，也就自然地制作出了只有在产地才能生产的商品。

第 5 章

布·皮革

篇

拓展造物可能性的材料·技术研究

由先端技术制作而成的超极细纤维，纤细且强韧。

2009年4月，在意大利米兰家具展上举办了具有划时代意义的展览会"TOKYO FIBER'09 SENSEWARE"，此次展会预示着日本合成纤维的未来。展会中备受瞩目的作品之一便有松下公司开发的擦拭型吸尘器"FUKITORIMUSHI"。这款吸尘器则使用了帝人FIBER的聚酯制纳米纤维"NANOFRONT"。

提供纤维技术的帝人FIBER表示："合成纤维的纤细和强韧是该业界永远的课题。"通常纳米纤维都用来制作成不织布，强度稍弱且用途有限。针对这一难题，帝人FIBER独自开发了"新海岛割纤技术"，把近1000根直径700nm的超极细纤维制成

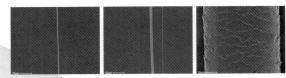

左图为NANOFRONT（纤维直径700nm），中间为MICROFIBER（纤维直径2μm），右图为毛发（纤维直径60μm）。NANOFRONT的横截面的大小是毛发的1/7500。

在"TOKYO FIBER'09 SENSEWARE"中展出了松下公司的擦拭型吸尘器"FUKITORIMUSHI"。不过并没有商品化的计划。

束状，并用黏着剂相连，制成可以进行编织加工的长纤维。黏着剂在加工后可用碱性水溶液使之溶解，最后只把纤维保存下来。

通过产品来真实体现NANOFRONT

NANOFRONT有着很多普通纤维所没有的特性。首先，由于它的表面积是普通纤维的数十倍，并且纤维的凹凸在表面排列得非常密集，产生了很大的摩擦力，有着防滑的特性。其次，NANOFRONT非常的柔软不会划伤皮肤。加之蒸散面积变大，可以发挥其冷却的性能。再次，因为它的纤维比油膜和微细尘还小，具有很强的擦拭性能。最后，NANOFRONT的纤维排列非常紧密，即使是很薄的形态也很难让光透过。

根据这些特性，现在NANOFRONT被利用在运动服、内衣、床上用品、清洁用品上。实际触摸纳米纤维的话，会有一种独特的光滑触感。松下公司着眼于这种特殊的触感和其强大的擦除性能，制作出了像尺蠖虫一样可以扭曲身体来擦拭地板的擦拭型吸尘器。

帝人FIBER的设计师说道："吸尘器乍一看会觉得很奇妙，它的设计点在于吸尘器动起来就像一只活着的生物，让人不禁感受到它的可爱。吸尘器清扫房间后，需要人来把它的表皮（NANOFRONT）拆卸下来。通过这一行为，人和产品之间便产生了对话。"

至今为止利用纳米纤维的家电制品，大概只有集尘用的过滤网。让纤维自己成为一件动起来的个体，这个想法可以为家电和纤维之间构筑全新的关系。

[布·皮革篇]

像和纸一样，可以立体成型加工的长纤维不织布。

能够利用受热后的模具进行冲压立体成型加工的不织布"Smash"

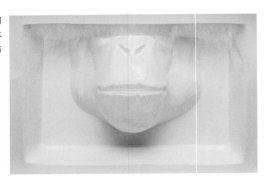

与编织物不同，"不织布"这种布材的普及还是最近的事。不过身边已经有很多物品都利用着这种材料。由于不织布的线头不容易散开，有着比纸还强的透气性和通液性，用途广泛。例如可以用来制作口罩、面膜、纸尿裤、芳香剂、咖啡过滤纸等。

旭化成纤维在20年前就致力于研发不织布，其中最具有代表性的商品便是聚酯类不织布"Smash"。在前篇也介绍过的"TOKYO FIBER'09

SENSEWARE"展会中，隶属于青年设计师组织的mintdesigns和nendo利用Smash，制作出了富有个性的作品。

Smash是利用纺粘法制成的长纤维不织布，具有热可塑性。也就是说通过加热可以轻易使之变形，适用于冲压立体成型加工技术。加工后再经过冷却，形态便被记忆下来。所以通常利用红外线加热模具，进行冲压成型。成型后的材料具备了强度，由这一特性也延展出很多商品的提案。

Mintdesigns则展出了别具一格的立体口罩，口罩的形态仿照了猴子和人的脸型。虽然迄今为止有很多口罩的设计案例，但能制作出有着如此细微表情并富有风格的设计还是头一个。

轻而不易破损，具有很强的透气性和通液性。特别是能够表现出和纸一般的质感。

"TOKYO FIBER'09 SENSEWARE"的展示作品。上图为mintdesigns的立体口罩，下图为nendo的灯罩。

易于立体成型的Smash多用于制成日用品的容器。

旭化成纤维的管理者说道："之前对于Smash的利用，只限于容器的开发，这次通过口罩的设计，第一次意识到原来Smash还能如此自由地变换形态，呈现优美的曲线。有趣的想法与技术是共进的。"

浸在热水中成型加工

利用加热使之成型的加工法中，有着浸在热水中加工的这一简单的方法。在70℃以上的热水中，材料会变得柔软，换到冷水中则会变硬。因为热水可以使材料均匀受热，非常适合成型加工。但是目前还未有产品开发的实践先例。

Nendo着眼于这一方法，在沸腾的热水中，像吹气球一样把空气吹入形成压力使材料成型。于是便有了像气球一样的灯罩。

像这样不局限于既有的概念，活用自己独特的设计及想法，为已有20年历史的不织布带来了全新的可能性。这次的"TOKYO FIBER'09 SENSEWARE"展览会正是如实地体现了这一点。

利用Smash不仅能制作出像和纸一样的质感，还可以制成遮光帘和障子纸。另外由于表面也可以进行印刷，在玩具或者立体广告等领域也可以得到应用。不织布有着纸和编织物所不可企及的使用途径。

[布·皮革篇]

生物基塑料"TERRAMAC"

才刚刚开始普及的生物基塑料，通过编织的加工方式开创新的用途。

"TOKYO FIBER'09 SENSEWARE"上展出了编织成立体形态的TERRAMAC。纤维的触感很硬，今后为了扩展它的用途，必须要使其变得更柔软。

最近生物降解塑料备受瞩目。降解塑料可源于四种原料，分别是石油、淀粉系、动物、植物。在日本用石油和植物这两种原料来制作生物降解塑料。但是以石油为原料的生物降解塑料大多有着耐热性差的问题。

说到原料，最近以植物为原料的生物基塑料引起了大众的关注。它不仅可以进行生物降解，燃烧的时候仅排出很少的CO_2，并且排出的这些CO_2还能被作为原材料的植物吸收，符合碳中和的过程。也就是说就算是把这些生物降解塑料埋掉或者是烧掉也不会对环境造成太大的负担。

UNITIKA公司利用以玉米淀粉为原料的聚乙烯乳酸，独自开发出了耐热性高的生物基塑料"TERRAMAC"。利用这种材料可以制成胶片、薄板、纤维、不织布、树脂等，可以实现多种多样的形态，用途非常广泛。UNITIKA公司还有着高效的生产技术。利用"TERRAMAC"制作树脂制品的

第3天	第7天	第10天	第14天

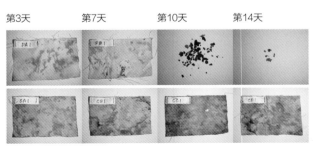

混合肥料（堆肥）的分解实验。上排是TERRAMAC，下排是棉。
TERRAMAC比棉肥料分解得快，第10天就差不多完全被分解了。

布・皮革篇

东信氏在展会上展示的苔藓花池。可以直接埋在土里，也可以种在植树的花盆里。

速度与普通树脂制品的成型生产速度不相上下。

在意大利米兰家具展的"TOKYO FIBER'09 SENSEWARE"展会上，花卉艺术家东信展出了利用TERRAMAC制作的苔藓花池。这件作品利用了UNITIKA公司的聚酯纤维"SEGUROVA"，是特意为了展会编织而成的作品。虽然因为设备还没有整备好无法进行量产，但是已经在全世界引起了反响，可以说是发展TERRAMAC的良好时机。

适用于一次性用品

现在大家都在关心环境保护的问题，各厂商也对生物基塑料的热情越来越高涨，但是也不能胡乱使用。要清楚它的特性，选择合适的用途，才能发挥它真正的力量。比如利用聚乙烯乳酸制成的生物基塑料很硬但不耐冲击。虽然可以制作成塑料瓶，但是却无法制成瓶盖。

UNITIKA公司的TERRAMAC事业开发部经理冈本昌司说道："希望能够以制作一次性用品为前提来考虑它的用途。"原本一次性用品是违反环保原则的，但是对于不得不作为一次性用品使用的对象来说，如果利用生物基塑料，在燃烧的时候对环境的负担就会变得很小。

虽然现在生物基塑料的用途还是以农业和土木材料为中心，但冈本预测说："在未来，生物基塑料会在一次性用品中得到发展。"利用生物基塑料进行生产的成本比起10年前缩减了一半，是普通塑料价格的3到4倍，已成为可以广泛使用的材料，期待它今后大展身手。

纤维有着为产品注入新生命的力量。

和小鸟一样大小的电视。外围有一层硅酮，并在硅酮的表面又覆盖了针织材料的皮肤。如图所示，从电视的尾部甩出来的是耳机。由于选择了"拉舍尔无缝经编"的筒状编织方式，可以自由控制直径，让针织材料把电视本体和耳机完整无缝地连接在一起。

前文中提到的"TOKYO FIBER"，2007年在日本国内也举办了一次。展出的各项作品中，索尼、松下、本田技术研究所等厂商积极采用纤维材料来制作产品。并且这三家公司都有着同样的目的，那就是希望利用纤维材料可以让用户把产品看作宠物一样，成为安乐、愉快的存在。亦或是通过纤维材料的新鲜触感来激发用户的疼爱之情。总之就是想以纤维材料作为波动用户情感的媒介。

索尼公司的"手掌中的电视机"，在硅酮的外表上又覆盖了一层以伸缩性强而著称的"super knit"。电视机就像小鸟一样圆鼓鼓的，稍稍凸出来的尾部正好符合针织的质感，用索尼公司设计师的话来说就是："这是世界上屁股最性感的电视机。"

在柔软的针织材料的覆盖下，液晶画面比起平常的电脑和手机画面看起来要更柔和。此外如左页图中所示，插入耳机就像是给电视机穿上衣服，再结合液晶画面中的表情，渐渐地你会爱上这款可爱的电视机。

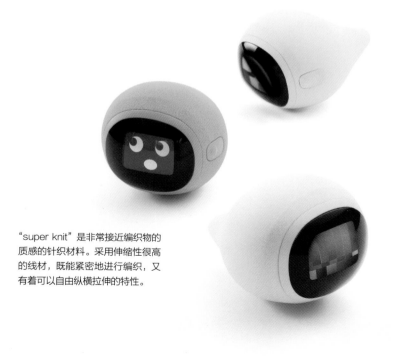

"super knit"是非常接近编织物的质感的针织材料。采用伸缩性很高的线材，既能紧密地进行编织，又有着可以自由纵横拉伸的特性。

纤维赋予产品更多的可能性。

由松下公司开发的电热毯。长条的管状电热器被柔软的缓冲材料包围着，并在其上覆盖一层人造毛，形成了一款新型的保暖器材。人造毛一直延伸到电源线的末端，开关像动物爪子的肉垫一样柔软。可以在沙发上使用，就像把宠物放在膝盖上取暖一样，也可以放入被窝中，围绕在身体旁或者是垫在脚下，使用方式多种多样。

2007年"TOKYO FIBER"的展会上，松下公司展出了这款"自由的毯子"。这是一款好像自己会向人体贴近的人造毛电热毯。

把这款电热毯卷起来放在地上可以当坐垫使用。也可以围绕在身体上，或是睡前把它放在并不是很暖和的被窝中，抱着睡觉。比起以往的保暖器材，这款电热毯更注重贴近身体，就好像膝上的小猫一样，让身心都暖了起来。

另外展会还展出了由本田技术研究所提出的"Composition 'F'"概念，指的是根据乘客的目的与心情

本田技术研究所的"Composition 'F'"。左/采用了比起真毛机能性更高、花纹及质感多样的人造毛。为汽车带来更丰富的表情。中/采用了1m²仅有11g重的极薄纤维"羽幻纱",仿照鸟羽贴在车身。汽车跑起来后,羽毛会随风飘动,富有跃动感。右/使用了即使裁剪也不会绽线的高伸缩性"Cutting Free Jersey",加上拉链后,可以放入各种物品。

的不同,纤维外表可以相应变更的汽车。

如果希望表现汽车斩风前进的形态,就可以用"羽幻纱"这种像鸟羽一样的极薄纤维粘贴在表皮上。要是需要汽车承载一些物品,就可以在汽车表皮贴上带有拉链的口袋,可以装入冲浪板等任意物品。

为了商品化还需要进一步的提案

为了让人与汽车的关系更加自由,便有了使用纤维的提案。汽车穿上衣服后,对于人来说就从单纯的道具变成了伙伴。

在探索纤维可能性的意义上,无论哪一个作品都以很高的完成度达到了设计它的目的,纤维材料不仅提高了产品的设计性,更是让产品洋溢着趣味性及新鲜感,吸引了来场者们的目光。

这些作品并不是以商品化为前提设计的。如果考虑到实际销售这些产品,它给消费者带来何种程度的乐趣及用户使用的满意度是今后厂商需要具体考量的。

全新的触感赋予毛巾新的生命

"chikurin"再现了踏青竹的舒适脚感，改变了线头的粗细，强调了竹子般圆鼓鼓的形态。

在日本国内最大的毛巾产地爱媛县今治市，"今治毛巾项目"作为JAPAN品牌培养支援事业的一环正在被实施。以此为契机便诞生了毛巾系列"OTTAIPNU"，由吉井毛巾公司与织物设计师铃木Masaru共同开发。

以往，市场都把毛巾的柔软度作为卖点。与此相反，铃木却脱离了普通毛巾的固有要素，提出了"硬而舒适"的触感概念。比如草地、卵石、青竹等带给人们的触感。这种有着鲜明外观和触感的毛巾吸引了吉井公司。

在产品开发阶段，吉井公司活用积累多年的编织技术，为了让毛巾接近想要的形态进行了多次的尝试。例如卵石状的脚垫"ishi koro"就是用"提花"的技法，只把表面的起绒织物压出形状，突显其立体感。制作中要注意棉纱的粗细、搓捻的程度、编织的密度等，才能让毛巾展现理想的膨胀感。

用纸和线织成的脚垫

一般的毛巾都是搓捻程度较低的棉纱，正反面都有起绒织物，使其变得柔软。仅在其中一面让起绒织物突显出来的想法还是头一回。

不管是看上去还是摸上去都像是草坪的"shibafu"。由纸线和棉线编织而成，有着草坪的舒适触感。

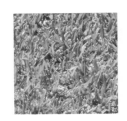

以卵石为原型的脚垫
"ishi koro"

此外，还有以草坪为原型的"shibafu"，为了再现草坪的触感，使用了纸和线两种材料。线材来自于王子fiber公司，纸材则是把100％马尼拉麻的纸经过细致剪裁后搓捻而成的。利用这两种材料编织成型后，再把起绒织物的环状削去，就有了和草坪相近的触感。

铃木提出想让这些产品不经过批发商而是以直销的方式卖出。迄今为止，毛巾大多都在百货商场中贩卖，且8到9成都是当作礼物被购买。如果把它们放在室内装饰店中贩卖，则会让毛巾类的脚垫被当作室内装饰的一部分，不仅扩展了它的销路，也增加了其产量。以往一台编织机一个月差不多只启动一次，这下可以全程运转了。

"ishi koro"的编织手法广受瞩目，还吸引了一些时尚品牌，委托用同样的编织手法并加入自己LOGO进行制作。

不管是哪一种制造方法都会比普通的毛巾原价高2成，但是因为不经过批发商贩卖，利润率反而上涨，销售额也一路攀升。

以缓冲材的泡泡纸为原型的小型脚垫"puchi puchi"

有松的扎染，不只用于日式服饰的制作。

在染布的时候，把布的一部分捏起来，用线结实地捆住。于是被捆住的地方就不会染上颜色，形成独特的花纹和褶皱。这就是扎染，是日本很早就有的传统染布技法之一（中国在东晋时期扎染工艺已成熟，后传入日本）。

久野染工厂的久野刚资社长谈及扎染的魅力时说道："扎染最大的特征就是，捆扎后的布产生了很强的伸缩性。比机器制成的裙褶和压花加工的伸缩性更高。此外还有着手工制作独有的无序素朴风格。"久野染工厂不仅制作日式服饰的布料，还为著名时尚设计师提供新型的纺织品。

久野社长不拘泥于传统的技法，正在热心开发新的扎染织品。我们有幸参观了久野社长的工厂。

工厂里密集地陈列着各种前所未见的特殊布材。例如把具有光泽感的化学纤维进行捆扎处理，形成了褶皱非常稳定的布材。还有把扎染后的布再通过加压处理，就得到了鳞片状皱纹的布材。另外还有刺绣针脚状花纹的天鹅绒、水彩花纹的和纸布等。下图所示的仅仅是这些新尝试的冰山一角。

久野工厂的扎染制品
左起，经过不规则皱纹捆扎的有光泽感的化学纤维。经过捆扎及特殊液体浸泡的密度不均匀的羊毛。荧光花纹的扎染织品。以玉米纤维为原料制成的薄布经过捆扎并覆盖了玻璃纱的布材。

久野染工厂不仅限于棉和绢的扎染，还着眼于羊毛、化学纤维和皮革。防染的工艺也有很多种，除了把布用线捆上这种方法外，还有把布拧起来，或是用平板夹起来上色（夹缬）等工艺。把材料和工艺排列组合，可以扎染出的样式无穷无尽。并且再活用其可伸缩性，还能当作功能性材料，可在多种途径中使用。

效率与价值直接联系的今天

久野染工厂所在的名古屋市有松鸣海地区以"有松扎染"所著称，曾经是扎染的繁盛产地。但是随着穿日式服饰的人越来越少，布匹店的生意渐渐低迷。而且这种费时又费力的制作工艺逐渐流入人工费更低的地区，在价格竞争中，日本的扎染生意便失去了竞争力。久野社长之所以开发新型的扎染工艺就是因为看到了扎染生意衰退的窘境。

"在以前，都想要追求如何能在一块布上尽可能多地进行扎染。但是现在，是要追求扎染的原创性，稍微夸张一点来说，就算只染一处，也要做到不被复制。这正是扎染所必须要体现的价值。"（久野社长）

久野社长深切地感受到，有松扎染必须要作为顺应市场需求和符合流行趋势的材料进行重生。

久野染工厂的制品不仅用于制作日式服饰，还涉及沙发、窗帘等室内装饰领域，此外在照明、家电、汽车内饰等产品设计领域中也有不小的可能性。

现在正值日本文化再度受到重视之时，年轻人当中对日式服饰感兴趣的人不断增加。海外也有很多日本文化的热爱者。利用传统材料制作现代商品正是设计师们的工作。就像扎染，已经展现了它丰富的可能性。

结合魅惑的色彩，传统工艺有了新的一面

浅草 前川印传制作的苹果手机保护壳。117mmx65mm。

在黄色的鹿皮上用天蓝色的漆印出花纹，印传用这样的配色还是头一回。

丸若屋致力于传统工艺造物，它的产品向来以独特的原创性著称。这次丸若屋又带来了印传的iPhone手机保护壳。印传就是把鞣制后的皮革进行染色，再用漆印上各式各样的花纹，是日本很早就有的工艺。丸若屋的法人丸若裕俊说道："印传是职人们代代相传下来的日本传统工艺之一。"

丸若屋与从事高档传统工艺制作的人合作，开发了很多高品位的商品。

把传统工艺注入iPhone保护壳

用印传的方式制作iPhone保护壳的是在东京浅草设有店面的浅草前川印传。制作的过程从给印传职人说明iPhone保护壳为何物开始。然后再探讨印传是否可以贴在保护壳的塑料表

图为黑色鹿皮配黑色漆的样式，纹样从左到右为"鞘"、"宝尽"、"麻叶"、"青海波"。

面上，还为了把印传加工成立体形状进行了各种尝试。

在鹿皮和漆的组合中，选用黄色配天蓝色还是头一回。再现了祭礼、祭神仪式等节日装饰时用到的日本独特配色。这是专门为丸若屋特别制作的新印传。从50多种印传花纹中选出了黄色与天蓝色搭配后更能相互突显的4种样式。

另外选出的这些花纹也是富含意义的。"宝尽"是集合鹤与龟、松竹梅这类吉祥物的花纹。"麻叶"是有着驱邪意义的正六角形几何纹样。"青海波"则象征着繁荣兴盛。

丸若屋之所以把印传结合在iPhone保护壳这件商品上有两个理由：其一，为了让更多人了解传统工艺的精髓，需以现今使用广泛的先端器材作为媒介推广出去，而iPhone则再合适不过了；其二，iPhone的保护壳流通全世界，这也可以让海外的人们了解到日本传统工艺的技术及感性的价值所在。

丸若裕俊法人说："我们想要改变'因为是传统工艺所以才如此出色'的看法，希望利用传统工艺加工出的产品单纯地以本质取胜，让人们有着想要买下来使用的冲动。这才是最重要的。"丸若屋自己承担购买、贩卖的风险，投身于传统工艺造物的事业中，这也是对职人的一种敬意。这份真挚为传统工艺带来了新的光辉。

西阵的传统编织与先端技术的融合创造了新式的皮革。

位于京都的材料厂商Aura开发的"缄锇"备受瞩目。从时尚圈到室内装饰，还有家电甚至是汽车，"缄锇"在世界各大名企中都有着不小的名声。

"缄锇"是利用西阵织的技法制作而成的皮质织物，它独特的质感会让人联想到鱼鳞或是铠甲，不禁想要抚摸一下。纤细的皮革纬线非常柔软，再配合经线，让"缄锇"有了轻柔的独特触感。

并且通过组合不同种类或颜色的经线和纬线，又能延伸更多的质感和花纹。Aura公司还利用自己的特殊技术让氟元素渗入皮革的分子中，提高了它的防水性和防污性。如果再配合有着抗菌功能或放电功能的经线，"缄锇"的机能性会变得更加强大。

正因为有着这样的高机能性和独特的风格，不仅是时尚界，在建筑、家具、家电、汽车等领域也期待它的大展身手。Aura公司根据不同的领域需求，正在对材料的耐热性、伸缩性、摩擦性、剥落程度等性能反复进行着检测试验。

织入水晶技术

这种材料最值得强调的就是它的进化速度之快、可能性之多。而这一切的原动力来自于至今仍在持续开发的Aura公司的野野村道信社长，和协同开发的富有热忱的京都职人。

野野村社长说过："如果能使可以分解污浊的光触媒体纤维作为经线，那生产出不会弄脏的皮革织物也是完全可能的。"像这样或是追求机能方面的进化，或是开发织入施华洛世奇水晶这样把两种不同材料织到一起的技术等，Aura公司向世人推出一个又一个令人震惊的尝试。

利用经过特殊的氟元素浸泡处理后的皮革，以西阵织的技
法进行编织后便得到的皮革织物。开发的编织技术不仅
限于皮革或是漆皮，就连施华洛世奇的水晶也能编入织物
中。如小图所示，纬线使用了长条状的皮革，节约了素材
的使用。

通过压模和模切，让皮革小物变得立体起来。

HIROKO HAYASHI的经典系列"FRENDHIRA"钱包。利用压模成型，让扣子的图案立体又真实。

意大利的皮革制作有着很长的历史。那里的人们对皮革非常了解，挑战新型皮革制品的意欲也很高。皮革的加工工艺自然也是相当先进的。

每年都会在意大利的博洛尼亚举办世界上最大的皮革商品展览会"LINEAPELLE"。专门生产皮革小物的世界品牌"HIROKO HAYASHI"就在这次展览会上看中了像Meridiana等公司的皮革压模技术，生产了一系列富有个性的钱包和手提包。

比如经典款"GIRASOLE"就利用了皮革压模技术。乍一看不像是皮革，而是有着金属丝网一样的外形。这是因为它利用了皮革的压模和模切技术，让表面的凹凸更加立体。

这项技术的制造过程是：首先给铬鞣皮染色，再把金属薄片压在皮革上，使金属颜色附着在表面。然后利用高强度的冲压机，在90℃的高温中以280个大气压进行压模，并同时配合切割。最后用刷子再涂一遍颜料，附上一些斑驳。这样凹凸的表面就产生了独特的阴影，好似有些生锈的金属。

这是意大利最近开始使用的加工手法之一。选好基础皮革，决定颜色，和皮革职人商定好想要的效果，最后加工成型。根据部位的不同，皮革的厚度是不一样的，因此尽管指定

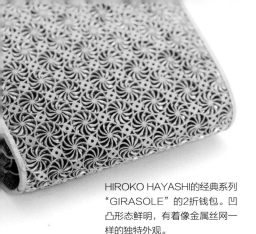

HIROKO HAYASHI的经典系列"GIRASOLE"的2折钱包。凹凸形态鲜明，有着像金属丝网一样的独特外观。

了温度和压力，也不一定能够做出相同的凹凸感。因而要在每一次加工时对数值进行微调，反复尝试后才得以成型。这也就导致制作很多样品是不可避免的，需要一定的觉悟。不过一旦找到了适合的材料，用从植物中提取的丹宁进行鞣制，制作过程并不会花费太多时间。

在2009年的秋冬展示会上，发表了很多新商品。例如有在细腻的羊皮上喷印了报纸图案的制品，有在牛皮上压模出了五线谱形状的制品，还有在牛皮上用激光烧出了类似地板图案的制品等。HIROKO HAYASHI受到广大女性的支持，一步一步成长着。

2009年秋冬展示会上发表的"VINO"长款钱包、"PAVIMENTO"长款钱包、"MUSK"钱包和"OMBRA"钱包。

第 6 章

陶瓷

篇

从品牌案例中学习陶瓷活用法

拓展造物可能性的材料·技术研究

二氧化锆 / 松下

新时代材料让数码家电的寿命更长

以质感独特和强度惊人著称的新材料，
为数码家电的寿命带来巨大的改变。

陶瓷篇

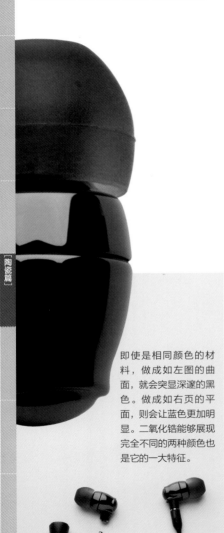

即使是相同颜色的材料，做成如左图的曲面，就会突显深邃的黑色。做成如右页的平面，则会让蓝色更加明显。二氧化锆能够展现完全不同的两种颜色也是它的一大特征。

放在我们眼前的是一只使用了20年的手表。由多个零件组装而成，不同的零件采用了不锈钢、二氧化锆等不同材料。镀金的表带别扣上留有使用了20年的磨痕。

但是二氧化锆的表带上却没有伤痕，虽然使用了这么多年，仍保持着新品的状态，像刚刚打磨好一样。

京瓷公司开发制造了用二氧化锆等材料制成的精细陶瓷，作为外包装材料使用。这种材料现已被大部分高级手表厂商采用，制作价值高达数十万日元的高级手表零件。以制表厂为中心，二氧化锆的需求量在近两年增加了约2.5倍。

现在，二氧化锆在音频器械和数码相机等领域中也开始被采用了。

2008年6月，松下公司发售的入

耳式耳机 "RP-HJE900"，在包裹发声单元的外壳部分使用了二氧化锆。它的独特光泽会让你联想到泛着些许蓝光的黑珍珠。机体碰撞时发出"叮"的声音，回响着坚实的质感，拿在手里可以感受到它的分量，给人一种玉石般的高级感。

赋予产品的2项革新

不过，提案该材料的松下公司的设计师说，采用二氧化锆并不单是看中它的美。更是因为它能提高制品的本质性能。

以高杨氏模量著称的二氧化锆，不易变形和翘曲，能够抑制共振并发出清晰鲜明的声音。而且它传音快，这让发声单元发出的中高音更加浑厚。且与其他材料的试制品相比，它的声音仿佛更靠近听者。

二氧化锆不仅仅提高了音响性能，它还成功推动了2项革命。其中之一是使产品长寿化。二氧化锆很难产生裂痕，由它制成的外壳部分只要不是狠狠地摔在坚硬的大理石上就不会摔碎。而且还能长久保持光泽的外观和良好的性能。

另一项革新就是RP-HJE900完全没有用到涂装等加工。这款耳机仅采用必要的工序，充分发挥材料本身的特质。松下公司通过减少制造工序，提高了成品率，实现了精简造物的过程。如果工序复杂，就可能会发生意想不到的问题，因而招致投诉。能够从这种风险中解放出来，对于造物领域的从业者来说，应该是有着深远意义的。

二氧化锆 / 索尼

被全世界追求的高级感

二氧化锆独特的光泽演绎着世界公认的高级感。

松下公司把二氧化锆设为商品的中心，想要发挥它的特性，制造精简的产品。而索尼公司则是把二氧化锆用在了数码相机Cyber-shot "DSC-W300"的外壳上，象征着这款相机是集合了各种技术的结晶。

"DSC-W300"是Cyber-shot系列最高端的机种。设计师的意图是想让人们"感受到它的价值，爱护并长久地使用它"。于是便在不锈钢的外壳表面加工上了防磨损的钛涂层。这一机型还进行了不留指纹的处理，即使长时间使用也不会使产品的魅力减弱。

"DSC-W300"具有高机能性和

索尼 "DSC-W300"
在最能突显个性的镜头外围部分（左页照片）和频繁触摸的快门按键上（下方照片）采用了二氧化锆。并加工上了不易留下指纹的钛涂层。独特的光泽和手感尽显高级质感。

机身的金属材质与快门的二氧化锆形成对比，突显快门的特殊质感。

二氧化锆的内侧环形采用黑色和银色的2种耐酸铝材质加工，表现出光感。

环形外围采用二氧化锆。

在防划的钛金属涂层上进行了不易残留指纹的处理。

前所未有的坚实性。最能表现这两种性能的材料就是二氧化锆了。首先它被用在了可以强调相机个性的镜头周围，加上微妙的曲线、独特的光泽让人印象深刻。

独特的光泽与触感

另外为了提升使用时的满足感，快门键也使用了二氧化锆。它光泽的肌理，配合处于塑料和金属之间的作为陶瓷特有的导热率，实现了仿佛是吸附在手上的温润触感。

钛涂层的素雅色调与二氧化锆的光艳形成对比，这种表现高品质的新方式我们应该加以关注。DSC－W300在2008年5月刚一发售，全世界范围的销量便超出了预期，索尼公司介绍说："前几天刚收到迪拜的销量急速增长的报告。"具有高机能性且细腻而坚实的二氧化锆，作为

代表日本的材料现在正处于要大步跃进的时期。

只有进化并不完美

二氧化锆在造型方面和功能方面还隐藏着很多的可能性。例如平面和曲面可以展现不同的表情，越是加以研磨，越能体现颜色的深邃。活用这一特性想必一定能够开发出全新的视觉表现。

在功能方面，它作为外壳材料，有着良好的电波流通性，且不会引起金属过敏等很多优势。同时这种材料的加工技术也在进化中。京瓷公司说："虽然二氧化锆在强度上还有一些问题，但是在箱形的外壳成型等技术上，要怎样制作出各种各样的形状已经有一些眉目了。"今后当选择新材料来代替树脂或金属时，会有越来越多的人选择二氧化锆吧。

生产技术的提高让陶瓷产品离我们更近了。

前页介绍的二氧化锆，是被称为精细陶瓷的高机能陶瓷的一种。在用于制作外壳部件的高功能陶瓷中，还有氧化铝，不过二氧化锆的韧性更强，即使掉落也不容易摔碎。但是二氧化锆很难显出红色，因此需要制作带有红色的制品时会使用氧化铝作为代替。

此外，还有模仿金黄色、白金色或银色的合金陶瓷。金黄色是陶瓷与氮化钛混合而成得到的颜色，银白色或银色则是与碳化钛混合后得到的颜色。

这样的材料迄今为止都只用于像高级手表等价格昂贵、限量生产的商品。而如今生产和加工技术的提升，让它可以投入像数码相机等需要大量生产且价格亲民的商品制作中。

在二氧化锆的粉末中加入糊状的黏合剂后使之成型、烧结，之后把烧好的制品加以打磨，便得到了最后的外壳部件。

如今的成型技术已经可以让二氧化锆适应板成型、冲压成型、挤压成型等多种成型手法。并能预测烧结后缩小的尺寸，制作出高精度的制品。经过多年的研究，成型技术在一点一点精进起来。另外抛光研磨技术的跃进也很大程度上促进了二氧化锆的利用。

二氧化锆坚硬难磨，手工作业的话就会耗费庞大的成本。为了削减成本，必须要有一种技术可以一次性加工定量的材料，并能够自动研磨。这对于各生产商来说都是极其关键的技术。

根据调查，前述的松下和索尼的商品中所用到的二氧化锆部件好像都是京瓷制造的。在制作这两个公司的部件时，要把金刚石粉等研磨材料和部件一起倒入研磨槽中，像洗衣机一样转动槽体，进行滚筒式研磨。虽然京瓷公司关于自己的客户和研磨方法一概避而不谈，但是他们对加工技术的贡献，让二氧化锆更加贴近我们的生活。

二氧化锆和合金陶瓷（上图左下三个）的色样。
二氧化锆有着像珍珠一样的特殊光辉。

京瓷开发的新型金黄色的陶瓷，与以往的金黄色
比去除了红色，提升了亮度。它的市场价格约是
18K金的1/25～1/20。今后二氧化锆还会再变得
便宜一些。右图为雷达品牌的金黄色陶瓷制手表。

材料与设计

属于苹果风的玻璃质感活用法

坐落于纽约第五大道的苹果专卖店，入口和通往店内的楼梯几乎都是玻璃材质的。其中用到了杜邦公司生产的名为"SentryGlas"的离子性中间层胶片。这种胶片与玻璃多层重叠后，玻璃的强度得到了保证，还变得不易碎裂。即使裂开碎片也不会乱溅。

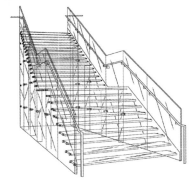

提到苹果公司的代表材料，除了铝和不锈钢外就要属玻璃了。该公司直营的苹果专卖店的正面和台阶就毫无保留地使用了玻璃，搭建的效果象征了苹果公司的先进形象。

例如位于美国纽约第五大道的苹果专卖店，它的入口处是一座边长约为10m的玻璃立方体。制造这个立方体仅仅用了15块玻璃。其实在2011年11月之前，还没有改造这个入口的时候，同样的立方体当时是用了90块玻璃板。苹果公司把玻璃板的面积扩大，减少了个数。仅为了做出这种精简的外观，就花费了高达5亿日元的改装费。

苹果专卖店内的楼梯也用到了很多玻璃。如楼梯的踏板和侧面支撑踏板的横梁全部为玻璃制造。乔布斯甚至还持有关于这个玻璃楼梯的专利。

玻璃强度的提升，让这种面积大到无法想象的玻璃可以作为外观材料使用，还能制作成需要负重的楼梯。

苹果专卖店的玻璃板由德国Seele公司制造。该公司把玻璃板和美国杜邦公司生产的特殊树脂多层重叠后，做出了前所未有的高强度玻璃。使用的特殊树脂是叫做离子性中间层胶片的材料，使用了这种材料玻璃会变得耐冲击，并且即使碎裂，也不会飞溅碎片。

除了上述玻璃外，iPhone等屏幕采用的由美国康宁公司生产的名为"大猩猩玻璃"的玻璃板也很有名，这种玻璃专门用于制作触控屏幕。虽然它有着很高的强度，但生产商一直没找到适合它的用途。而苹果公司则采用这种玻璃作为手机屏幕的材料。在制作时苹果公司与生产商共同合作，实施了手感等细微质感的调节，得到了现在独特的触碰体验。

不单单是玻璃，苹果公司采用的铝和不锈钢等可以深入设计的材料，都是进行了特殊调整的订制品。一般的材料是无法满足苹果所追求的感性品质的。苹果公司就是在这种对极致的追求中进行着设计开发。

[陶瓷篇]

以苹果iPhone为首的智能手机的触屏，采用了康宁公司的名为"大猩猩玻璃"的材料。还有苹果iPhone4的触屏周围有着厚度仅为0.3mm的树脂框。为了让它在不破坏玻璃质感的前提下还能保证安全性，苹果公司下了不少功夫。

在紫光灯下会发出美丽光晕的神奇玻璃。

住田光学玻璃公司从事制作和销售尖端科技相关的光学部件，如数码相机或蓝光刻录机上会用到的非球面透镜和光纤维等。现在该公司把主事业转向建材和内饰等相关领域，着手开发新型玻璃。

该公司开发的新型玻璃中，从光纤维到拥有特殊机能的玻璃，有很多都像是会引起设计师、建筑师和商品开发者们兴趣的材料。在住田光学玻璃公司的展示间里，工作人员向我们一个个地介绍了这些有趣的玻璃。

世界独一无二的材料

右侧照片中泛着美丽光晕的如弹珠般的玻璃球，是一种能够在紫外线的照射下，改变光的波长，发出红、蓝、绿色光的材料。也可以把所有颜色混合在一起，形成白光。它还能被纤维化。

这种材料能应用在很多地方。例如可以在设有紫光灯的酒吧、俱乐部和卡拉OK包厢等地方，把这种会发出各种色光的玻璃球和冰块一起放入客人的饮料中，作为记号用来区分每个人的杯子。

还可以把这个玻璃排列成一个平面，在紫光灯下，起到大屏幕的作用。这种使用方法适用于制作富有视觉冲击力的室内装饰作品。

另外，还有一些正在开发中的材料，例如不仅能在紫光灯下发光，还具有蓄光机能的玻璃、可以和磁石相互吸引并带有磁力的玻璃等。住田光学玻璃公司拥有很多世界独一无二的机能性玻璃。

该公司说，为了拓展这些材料的用途，希望与设计师的联系更紧密一些。如果设计师们有什么想法的话，何不试着联系他们呢。

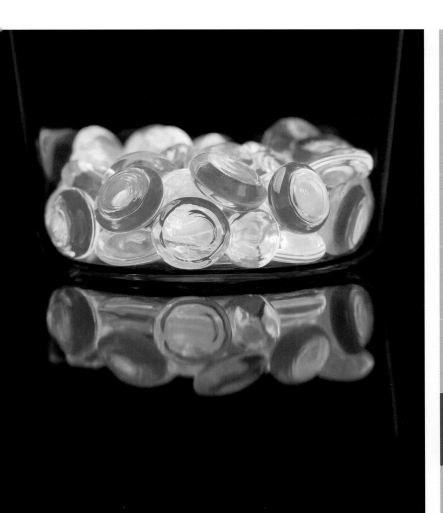

在紫光灯的照射下，会发出各种颜色的光。这是因为玻璃球有着可以把紫外线转变成可视光的机能。现在住田光学玻璃还在开发着蓄光玻璃等材料。

材料与设计

是镜子还是玻璃？根据环境的不同变换呈现方式的神奇板材。

透明感和金属感的结合，可以赋予产品新鲜的形象，在这种手法中半透明反射镜的利用最近活跃了起来。例如音频组件、车内音响显示屏和手机等部件都活用到了这种半透明反射镜。

虽然这种材料平常看上去像是一面镜子，当打开内部的光源后，光线便透过材料释放出来，在机能性和设计性上都能发挥效果。手机的透明部件等也应用到了此技术。此外半透明反射镜还被用在墨镜上。

半透明反射镜也被作为建筑物的玻璃来使用。它们被称作红外线反射玻璃，拥有能够调节射入室内光量的功能。

半透明反射镜是把涂在透明材料表面的金属膜变薄制成的，因此拥有一定的透明度简单来说就是反射一部分光线，让剩余光线透过的材料。于是，在特定条件下它会变成镜子，而在其他条件下又变成了玻璃。

假设，半透明反射镜的透明度是50%。那么，从明亮的一方射出来的光线的50%会通达到黑暗的一方，

而剩余的一半则被反射回去。然而因为黑暗的一方是没有光的，所以不会发生透过或反射的现象。这种状态下，从黑暗的一方可以看到从明亮处穿透过来的光，而从明亮处只能看到反射在眼前的光。也就是说，面向明亮一方的是镜子，面相黑暗一方的就变成了玻璃。

制作半透明反射镜的2种方法

制作半透明反射镜的方法大致分为2种。一种是让金属直接附着在玻璃上形成一层薄膜。另一种是事先做好金属薄膜，把它贴在玻璃上。

如果采用把金属直接附着在玻璃上的方式时，一般使用真空蒸镀或者溅射镀膜法。

所谓真空蒸镀，就是在真空装置中加热金属，使其蒸发，然后把成型品放入金属蒸气中，让金属附着在成型品表面。就好像是用锅烧水时锅盖上会有一层水蒸气的样子。另一种溅射镀膜的方法，则是利用真空放电时产生的溅射现象，让成型品的表面形成金属薄膜。溅射镀膜时，电子的

超大能量，让金属原子能够狠狠地撞在材料上，其表面形成的薄膜平滑又强韧。因为这种方式加工效率高，既不浪费资源又能保证良好的品质。溅射镀膜是用于制作CD或DVD金属薄膜的高科技技术。

另一方面，如果选择粘贴金属薄膜的方式，则会进行烫印加工。金属薄膜一般都是在基膜上以离型层、金属薄膜层、接合层的顺序构成的。先用真空蒸镀或是溅射镀膜的方式在基膜上形成金属膜，然后金属膜以能体现半透明反射镜效果的厚度热压在成型品上。热压过程中，基膜上的金属膜会转印到成型品的表面上。

虽然加工半透明反射镜有2种方法，但还需要根据成型品的形状、材料和半透明反射镜的尺寸来决定应该选择哪一种加工方式。

半透明反射镜如果利用得当，可以提高视认性、使开关的ON/OFF状态更加明确，在设计上发挥很多有趣的效果。再配合高亮度或各种颜色的LED，便能产生更多丰富的表现。

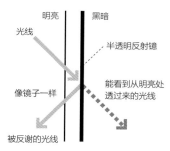

根据光线的状态，可以变成镜子，也可以变成玻璃。

使用了半透明反光镜的水中护目镜和墨镜。

材料与设计

[陶瓷篇]

把用完的荧光灯变成美丽的玻璃制品。

　　厚实的玻璃宛如刚切出的四方冰块，下文要介绍的玻璃块是来自SAWAYA的商品，他们在石川县金泽市设有总公司和工作室。

　　SAWAYA 在1974年作为电工公司创立而成。主要销售灯泡及照明器材，在2000年，开始了把用完的荧光灯二次利用制造成新产品的事业。这里所介绍的所有玻璃制品都是以废弃的荧光灯作为原料制作而成的。

　　在日本国内，一年大约有6万吨的荧光灯被废弃。为了促进荧光灯的回收，日本经济产业部把荧光灯列为可回收的商品。但是回收率却停留在了10%。这并不是一个乐观的数字。

可以使用在建筑材料、杂货、门牌、广告牌上的拼接玻璃块。根据表面加工和涂色不同，外观会发生变化。尺寸为长宽100mm，高50mm。

根据加工方法的不同，玻璃变幻着外表

SAWAYA有两样强项：一是拥有自己的途径回收已成为产业废弃物的荧光灯；二是持有去除荧光灯内的水银和荧光物质的技术。它们把去除金属零件后的废弃玻璃粉碎、溶解制造新的产品。

在兼有展示间的工作室里，陈列着许多透明度极高的玻璃制品，让人几乎无法想象它们都是以白色荧光灯为原料制造而成的。下图的玻璃杯是以SAWAYA公司的再生玻璃为原料，由松德硝子制作的"e-glass"。光滑的表面配合玻璃厚重的质感，拿在手里非常服帖。仔细看的话会发现有一些分散的小气泡，杯子还泛着一丝绿色。

SAWAYA公司认为："虽然有钟情于无色透明玻璃的人，但玻璃本来不就应该带有一点绿色吗？"观察一下建筑物的断面就会发现那些玻璃都是绿色的，这是因为玻璃里面含有铁的成分。

SAWAYA公司一边销售再生玻璃的建材和其他产品，一边也在接收定制产品和量产的单子。根据表面加工方式的不同，可以制作出镜面和亚光的质感，此外还能给玻璃加上颜色和图案等。

左图中，左前方立着的玻璃块只有背面涂了颜色。而靠里面的玻璃块是只有侧面涂了颜色。虽然都用到了一样的玻璃块，根据涂色方法不同，可以看到表面的效果就大不相同。如果故意把气泡增多，还可以形成接近柔和色系的淡色调。

松德硝子的"e-glass"。由SAWAYA公司提供再生玻璃的原材料。

材料与设计

第 7 章

先端材料·环保材料

拓展造物可能性的材料·技术研究

篇

穿旧的牛仔布变成了质感独特的家具

　　图中所示的圆凳从远处来看，颜色就像青铜一般，而走近触碰后，手感却是意外地温和且柔软。其实这把圆凳是用牛仔布料制作的。

　　这件作品名为"SPIKE"，由从事家具制造的abode公司与acaciakagu的设计师上原理惠共同开发而成。下面就来简单介绍一下它的制作方法。

　　首先需要回收废旧的牛仔布料，把它们分解开，得到左下照片所示的棉絮状。然后混入聚丙烯（右下），压缩后形成毛毡，再进一步地加热压缩提高强度，便能得到能够制作家具的板材。

　　从纤维变成板材的这项技术原本是京都工艺纤维大学纤维recycle技术研究中心的一项研究项目。在以往的研究中，没有着眼特定的纤维，只是制作了集合各种旧衣材料的板材。但是这种板材的外观是灰色中夹杂着各种颜色，"怎么看都像是回收再利用的产品。"abode公司的吉田刚董事说到。

只有牛仔布才能展现的魅力之处

　　当把旧衣的材料仅限于牛仔后，便得到了能够表现蓝色之美的板材。从照片中的圆凳为开端，进行了一系列商品化开发，制作公司还准备制作

把废弃处理的牛仔布料经过"反毛"处理后使其成为棉絮状。压缩后成为毛毡，再与图中的聚丙烯混合压缩，便得到了能够制作家具的板材。除了照片所示的圆凳，今后还将发售挂衣架。

衣架等各种家具。另外据说还准备对市场直接贩卖这种材料。

这种材料本身的加工性与木材并无太大差异。只是在高速切割的时候容易烧焦边缘，所以还需要对切口进行研磨。由于它还具有和木材同样的着色性，可以设计成让切口纵面保持原有的材料颜色，而把其他部分刷成任意颜色。这项技术还将继续进行，继牛仔布料之后，希望能开发出各种各样的纤维材料。

像优衣库这样所谓"fast fashion"的低价时尚品牌如今颇受欢迎，大量的服饰被购买继而被废弃的这种倾向在今后应该会越来越严重吧。也正因为如此，纤维的回收再利用变得日趋重要，相信全新的纤维利用方式也是指日可待。

【牛仔布制胶合板的价格】

约**4000**日元/m²

※厚度为2cm

只有碳纤维才能实现的惊人薄度。

什么是碳纤维？

一般大家口中的"碳纤维"指的是"FRP"（纤维强化塑料）的其中一种名为"CFRP"（碳元素纤维增强塑料）的材料。FRP是把纤维作为辅助材料掺入树脂后得到的合成树脂复合材料。而CFRP则是使用了碳纤维的合成树脂。机械强度高，且轻，具有很好的耐蚀性。照片是薄板状碳纤维。

使用9片厚度仅为0.2mm的碳纤维板制作的圆凳。贩卖价格希望控制在一把10万日元以下。

照片为designunit的MILE制作的圆凳模型。利用碳纤维材料展现了惊人的薄度。其实MILE一开始并没有考虑碳纤维，而是想用铁或曲木来制作家具。可是铁与曲木的设计自由度比想象的还难，而且市场也已经有很多木制和铁制的家具，很难再进行差异化。于是便选择了可能性更广的碳纤维。

这一次，MILE选择了位于关西的FRP（纤维增强塑料）制造厂——茨木工业来作为自己的开发合作伙伴。

茨木工业擅长加工FRP，生产种

碳纤维的成型法

1 先用木材制作试作品模型。调整凳脚的线条。**2** 用木制模型来使碳纤维成形。**3** 把各部分模具分别放入真空袋中，抽出空气。**4** 放入耐压罐，用电加热器使之升温加压，并持续6小时。**5** 从耐压罐中取出。**6** 剥下分模膜。**7** 修剪毛边，打磨。**8** 暂时使其固定，用环氧树脂黏结各部分。

类广泛，从小型的文具到大型的火箭零件都有涉及，销售额的2/3都是来自于碳纤维的制品。现在的碳纤维材料价格只有20年前的1/5，作为家具材料的可能性越来越高。

碳纤维比起金属类，相对密度轻又柔韧，现在还被用于制作飞机的机身。前述的圆凳就是突显这一特性的设计。只有碳纤维才能实现的带状造型，通过弯曲成型，将曲面的美感表现得淋漓尽致。并且在碳纤维加工时，并不是印上一般的编织纹样，而是做成了消光精饰。

材料与设计

以纳米为单位的涂装技术改变了人们对表面处理的常识。

涂装，是丰富制品色彩、增添表面保护涂层的最普通的方法。大多都用喷枪为制品表面上漆。近年来手机的外观涂装变得越来越多层且复杂化，有的需要重复4～7回才能完成涂装。涂层的薄度与精度变得可以以纳米计算，人们开始追求精妙的加工技术。图中最左边的是渐变涂装，左起第二个与第三个是镀金色调涂装，第四个是波纹状涂装，第五个是maziora涂装。

NTTdocomo曾经发售的NEC手机"FOMA N906i μ"的关键词为"奢华"。其两款机型采用的"蓝宝石黑"和"石榴红"这两种涂装颜色则是出自于从事涂装加工的岛新精工所开发的渐变涂装技术。

从明亮的蓝色或红色逐渐变深的这种涂装需要4层涂层。先做出黑色的基面，然后喷上混有玻璃沙粒的

右边为渐变涂装。左边为采用渐变涂装的NEC"FOMA N906iμ"。

蓝漆或红漆，颜色最明亮的位置涂层厚度为30μm，以此向颜色最深的位置逐渐做薄，最深部位的涂层厚度仅有2μm，并且把这30μm～2μm之间的厚度分成20个阶段，分别上漆。这之后还要在上面涂上透明涂层和UV涂层。于是几万台甚至几十万台的手机，就这样不使用一切印刷类加工，只靠喷枪来实现如此复杂的涂装步骤。

为涂装增添机能

岛新精工迄今为止参与过的手机涂装加工案例数不胜数。在配合客户要求之余，它还积极进行技术开发，希望涉足手机以外的涂装加工。

例如最近就有一项新的开发成果——镀金色调的金属涂装。这项技术使涂装不仅限于树脂和金属，还让皮革、弹性体等各种各样的材料表面也能进行涂装，拥有金属质感。

另外由于岛新精工把涂层做得非常薄，在背面点亮LED等灯光后，就会出现类似蒸发镀膜后的哈哈镜效果。在耐压罐中进行的蒸发镀膜局限了加工的尺寸，并且成品率很低只有5～6成，而岛新精工的成品率则高达95％。从基底的处理到表面涂装都在一条生产线上完成，这也达到了缩减成本的目的。

除此之外，岛新精工还在持续开发着新型的涂装技术，例如可以轻松擦除指纹的涂装，和仅有10μm厚却能自我修复的涂装。如今，涂装技术都能被要求精确到纳米，是否能够尽显涂料的性能与质感才是涂装技术的极限之处。

用天然蚕来发散汗液的人造革

商品进入市场成熟期后，它能否为消费者带来愉悦便成为卖点的关键。特别是想要长久使用的商品，为了提高用户的满足度，从最初的材料开始就必须要进行严格的筛选。

在这样的商品中，蛋白粉备受瞩目。

NEC personalproducts公司曾发售的LaVie RX型笔记本，它把触控板两旁用来承托手掌的平面和携带时最易触碰到的盖子部位涂上了特殊的涂料，这种涂料以蛋白粉为基础制成，可以吸收和放出湿气，手感润泽。并且在蛋白粉涂料部分还做出了皱纹，让人摸上去很有亲近感。

这款笔记本的特别之处在于，把手会触碰到的部分和不会碰到的部

NEC personalproducts发售的笔记本"LaVie RX"，键盘和承托手掌的部分还有盖子部分都用蛋白粉进行涂装。手感润泽，透气性好。

分做出明显的差异。例如，笔记本的外框就要突显钢的质感，而手会摸到的部分则尽量做得柔软，这样才会变得张弛有度，两种材料在对比下更能体现各自的特性。

并不只是润泽、干爽

蛋白粉究竟是何种东西呢？其实就和它的名字一样，是用天然的蛋白质磨成的细小粉状物质。牛皮、蚕丝和覆在鸡蛋壳上的卵壳膜等都可以

●蛋白粉的种类多种多样

牛皮	曾经被广泛用于制作蛋白粉，但品质参差不齐，现在大多都避免使用牛皮	
蚕丝	在注重吸收湿气、放出湿气的产品中经常被使用，对印刷墨水的适应性很高	
卵壳膜	富含名为脯氨酸的氨基酸，可以促进肌肉成长。目前还没有制成过涂料	

此外，还可以把羊毛、贝壳、茶叶等制成粉状，用于加工。

作为蛋白粉的基质。既可以把蛋白粉作为涂料应用，也可以把它混入树脂中。此外还能做出混合蛋白粉的纺织品。

使用蛋白粉大多是为了促进材料吸收和放出湿气，并能得到柔软的触感。在人工制品中加入蛋白粉可以使触感变得柔和，还可以防止制品因闷热和出汗而粘在皮肤上。

制造和贩卖蛋白粉的公司"出光technofine"的销售部长金原康行说道："根据原料的不同，制作出的蛋白粉还可能有着其他的功能。"另外还有贝壳、茶叶等非蛋白质的粉末也能用于加工。

现在以蛋白粉为基质的各种产品已经相应被生产出来。除了合成皮革以外，CD-R光盘用来印图案的一面也混有蛋白粉。蛋白粉能够高效吸收墨水，且不易溶于水，有很好的显色性。丰田汽车的PRIUS和日产的FUGA的内饰就用到了蛋白粉。

与蛋白粉混合的物质大多都是已经不能使用要进行废弃处理的东西。所以在这一点上，是对环境有好处的。但是比起一般的涂料，原料费要贵出1倍，强度也会减少10%~15%。所以这样的材料需要配合一些性能过剩的设计。

在工业制品中天然皮革的加工步骤繁琐，品质管理也常遇复杂问题。如果用到蛋白粉，虽然成本会有些许增加，可那些棘手的问题就能很方便地解决了。

再现木纹的原始质感。

　　从事水压转印加工的Taica公司，开发出了能够表现立体质感的新型水压转印技术"E-CUBIC"。水压转印加工指的是把待涂装的配件浮在水面上，用特殊的印刷膜贴压其上的一种表面装饰方法。这种加工方式即使在复杂的曲面上也能够实施，所以经常被用于汽车内饰和家具的装饰。

利用E-CUBIC技术加工出的样品。通过立体的纹样和光泽度的变化，表现出了丰富的质感。

也能达到同样的效果，但水压转印则能用于小批量低成本的生产。

不仅限于木纹的装饰

E-CUBIC这项技术是先把纹理做成凹凸状，并配合纹理调节表面反光和亚光的程度，以此让纹理显得更立体。以木纹为例，颜色稍深的导管部分做成亚光，而其他部分做成高光泽度，这样就更接近实物了。

另外通常在水压转印加工后都需要再上一层涂料，而E-CUBIC则省去了这一步，减少了溶剂的使用，非常环保。且加工成本几乎与以往相同。除了木纹之外，Taica公司还在继续开发着各式各样的纹理。

另外水压转印还适用于大型面板，Taica公司运用自己的技术曾经加工过汽车的外壳、桥等建筑物的板材、空调外罩等。虽然型内成形加工

材料与设计

纤维型促动器，使超小型机械更易被实现。

驱动这只蝴蝶翅膀运动的既不是马达也不是磁石，而是仅靠装在蝴蝶本体上的两根金属纤维。它们具有形状记忆功能，当电流通过时就会收缩，电流断绝时则能伸展。这一技术的应用之广我们无从估量。

[先端材料·环保材料篇]

驱动这只蝴蝶翅膀运动的，仅仅是一根0.1mm粗且接有电极的纤维。电流流过的部分会进行收缩，伴随着细小的嗡鸣声，翅膀就会扇动起来。这种运动的顺畅与自然是马达和齿轮装置所无法实现的。

从事开发LED照明灯的公司TOKI CORPORATION，把人工肌肉"生物金属纤维（biometal fiber）"作为自己次时代的事业核心，希望推进这一技术的实用化。

这种金属纤维由具有形状记忆功能的镍钛合金为基础制成，是一种可以像肌肉一样收缩与松弛的纤维状促动器。虽然单从照片上很难看出，它的运动轨迹非常柔和，是其他动力装置所不能比拟的。

这纤维乍一看像是尼龙般柔软，但当电流通过时，纤维就会变热，好似钢琴弦一样硬起来，进行强力的收缩。电流消失后，金属纤维的温度就会降下来，再一次变得柔软并恢复最初的长度。这样的伸缩运动TOKI CORPORATION公司在试验中测试了3亿回。纤维的伸缩力非常强，但伸缩率仅有5%，此外该公司还备有螺旋状的生物金属。

寻找具有创造性的工程师

暂且不考虑操控装置，若要使照片中的蝴蝶舞动起来，则仅仅需要生物金属和简单的机械零件便能实现。由于不需要马达等重型部件，可以用来制作微型机械等轻量的商品。

此外，金属纤维还能自然地再现昆虫和动物的运动模式。目前金属纤维除了用于制作技术展示用的玩具蝴蝶"Papillon"*以外，还能被用于锁柜的开锁、上锁等机械部件中。

可是目前有很多工程师由于不知如何驾驭这一技术从而拒绝设计。经过20多年的研究，生物金属终于实用化的今天，可谓是万事俱备只欠工程师这股东风了。

＊编辑部为了便于摄影替换了照片中蝴蝶的翅膀。

能够在水中消失的新材料，为我们带来无限的可能。

　　GEL-Design的社长附柴裕之笑着把一杯装有水的烧杯摆在记者面前，说道："请把手伸进去试一试。"

　　于是记者戴着手套把手指浸入烧杯中，惊讶的是原来烧杯中装有的并不只是水，还有很多直径数厘米的透明球体。这些球体一旦混在水中就会消失，看起来像只有水一样。这种物体是GEL-Design公司与北海道大学理学研究科以实用化为目标共同研究出的超高强度水凝胶。附柴社长解释道："这种凝胶的成分里90%都是水，所以折射率与水几乎相同，才能在水中隐藏行迹。"

　　因为成分里几乎都是水，附柴社长说："这种凝胶还可以用来种花。"于是Nikkei design编辑部在GEL-Design公司的协力下，试着制作了一株花插*。就像照片中所示，这一株花好似插在了冰球之中，花梗竖立着浮在水里，展现了一种不可思议的伫立之美。

可应用于人工皮肤

这种物体简单来说就是和隐形眼镜、尿不湿等所用到的高吸水性树脂差不多，以前这种物质很容易损坏，但在GEL-Design公司和北海道大学的共同研究下，开发出了与橡胶强度相当的新材料。开发灵感来自于软骨等生物体组织的构造。想必今后这种物质会被应用于各种各样的工业制品中吧。

例如如果把这种凝胶做薄，可以得到像鳗鱼一样滑溜溜的质感，生产出摩擦力小的表面材料。另外还能用于制作机器人的人工皮肤。

此外，若把这种球体放置在干燥的场所，它的水分就会流失，经过2～3周后，可以缩小成原有大小的

1/10，且变得像塑料一样硬。再次把它放入水中，几个小时后，又会恢复原来的样子。

GEL-Design公司是一所进行技术支援的新兴企业，它活用北海道大学的研究成果，联结企业和大学，共同开发出了这种具有高机能性的高分子凝胶。近年这种把有关凝胶材料的研究转向实用化的事例比比皆是。例如把凝胶做成各种各样的颜色，或者把它做成不透明状，还制作出了根据温度变化或在电流的影响下可以收缩的新材料。今后这类材料将会活跃在各种各样的领域里。

＊照片所示产品是GEL-Design公司特为本次拍摄所制作的，非售卖产品。

凝胶的90%都为水，这是北海道大学理学研究科与GEL-Design公司共同研究的成果。另外GEL-Design公司自己也在开发和售卖这类凝胶制品。

蜂窝结构的优点不仅在于轻量与结实。

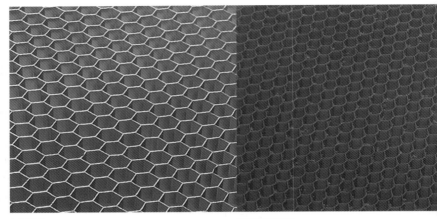

铝制蜂窝

蜂窝结构除了用于制作构造材以外，还有很多其他的用途。因为这种结构可以让风顺畅笔直地通过，空调等设备会用到它，此外它还可以扩散光源，经常被用于制作照明设备。

芳纶纤维蜂窝

把含有树脂的芳纶纤维做成蜂窝状，增强了密度和强度。轻量又结实的芳纶纤维蜂窝，主要用于飞机与航天飞机的构造材。

蜂窝结构

所谓蜂窝结构就是用铝、纸或者芳纶纤维等材料做成无数个六角柱集合的构造体。通常都会给蜂窝结构的切面贴一层平板，整体作为夹层板使用，铝制蜂窝比同等刚性的铁板要轻数十分之一，比同等强度的铝板要轻数分之一。

　　很多设计师都在利用蜂窝结构设计家具。这种结构之所以吸引设计师们，首先是因为它的机能丰富。只需把蜂窝结构夹在两板中间，就可以得到既轻又强的结构，所以它常被用于飞机、新干线、建筑物的构造体。不过这只是蜂窝结构的一般用途。除此

纸蜂窝

被用于建筑材和家具的中芯。把数张纸或铝材交错粘接，切成需要的厚度，再伸展开来就可以得到图中的形态。

之外它的空穴还可以调整气流，让空气顺畅笔直地通过。并且铝制的蜂窝结构还能扩散光源，让光线变得柔和。

其次，蜂窝结构对冲击的吸收性高，所以被用于制作汽车冲撞试验场的墙壁。这种墙壁会吸收冲击力并保持被冲击后的损坏模样。

想要入手这种材料并不简单

其实，真正俘获设计师的也许是蜂窝结构的美。六角柱整齐地排列着，激发了设计师们的创作欲，尤其是当把蜂窝结构展开的那一瞬间，着实让人感动。

但是这种材料入手很困难，因为原本只是作为飞机的构造体而生产的，很少有厂家愿意接受小批量的订购。但昭和飞行机工业就有些特殊了，不管什么批量的订购都愿意承接，所以他们的很多顾客都是设计师。

虽然蜂窝结构用途广泛，但仍有一部分仅为某些飞机制造商专用，并不能算是利用方便的材料。期待今后设计师们能够开发出它的新用途，让它变得更加触手可得吧。

适用于越来越多材料的烧结RP技术。

不管是网状的球体，还是内部有台阶形状的象棋棋子，甚至是无需任何组装就能让车轮动起来的汽车模型，这些看似不可能制成的形态都可以由一种机器来实现——激光烧结RP（rapid prototyping）机。

照片所示的样品都为Electro Opitcal System所开发的"EOSINT"系列的模型。下面就来简单介绍一下激光烧结RP机的操作吧。

首先要把想要烧结的材料粉末平铺在台面上，只把想要成型的部分用激光进行烧结。之后，把台面高度下降一点，再铺一层粉末，重复刚才的步骤即可。

一次可以制作多个模型

激光烧结型RP机在模型制作时有一个很大的优点，就是未被烧结的粉末能够起到固定模型的作用，不像其他RP机还需要在成型到一半时为模型增加辅助支撑。因此激光烧结型的RP机就可以在尺寸允许范围内，经过合理排布后同时加工多个零件。

以前的RP机，都是用来制作试

由激光烧结RP机加工出的模型

利用激光烧结RP机，无需辅助模具就能制作出中空的模型。可以加工尼龙、聚苯乙烯和铁、不锈钢等一些金属材料。除了制作模具、功能测试样品之外，还可少量生产完成品。

作品模型的。但EOSINT系列使更多的材料都成功地被加工成型，较具代表性的材料有聚酰胺、混入铝的聚酰胺，还有铜和铁等。于是仅靠RP机就能生产模具和完成品，它将为今后的造物模式带来翻天覆地的变化。尤其这种机器还能实现以往无法制作的造型，对于设计师来说是一项有趣的技术。

但是它有个缺点，就是成本较高。机器本体的价格让很多人都望而却步。如果是在服务中心等地方加工，一个小时也要花上大约1万日元。

像照片中的球体就用了20个小时，象棋棋子也花费了将近7个小时。此外材料费也是一大开销，铁和铜的话1kg就要高达数万日元。所以目前几乎还没有用这一机器来制作金属材质模具的例子。

不过，RP机的技术革新之快，相信有朝一日它一定能够成为我们触手可得的机器。如果有对这一制造方法感兴趣的人，建议先熟悉软件AutoCAD中的3D技术。

在短时间内合理活用造型装备，制作试作品的诀窍

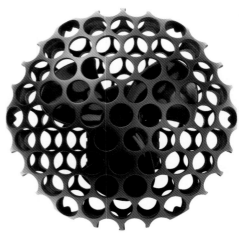

&design在DESIGNTIDE中展出的作品"CIRCULATOR FAN"。黑色的球体直径为254mm，白色的球体直径为95mm。球体从正面看是六角形，但从侧面看则是雨滴的形状。

黑色的球体有无数镂空，就好像蜂巢一般。镂空的中心可以看到三片扇叶。这就是&design的试作品"CIRCULATOR FAN"（后称CIRCULATOR）。CIRCULATOR是被设计成放在地上使用的风扇。它的直径仅有254mm，只比足球大一圈。大家可以想象一下一个吹出风的黑色球体被随意放在地上的场景。

利用东京的设备就可以低价制作

2009年9月&design在英国的展示会"TENT LONDON"上发表了"CIRCULATOR"、"INDIRECT LIGHT"和"FLOOR/TALE LAMP"三件试作品。这些试作品据说都是展示会开始前一个月才开始制作的。

在制作CIRCULATOR时使用到了RP机。

以前制作试作品都是与试作公司合作。但这次在制作CIRCULATOR时，则是选择了省时又低价的东京都立产业技术研究中心（后称技术研究中心）。&design利用的是技术研究中心提供的尼龙粉末造型装置。这种装置是利用激光照射把尼龙粉末硬化使之成型的。

如果是个人或者中小企业利用该装置，费用的计算方式为，首先是机器调整准备费用4320日元，再加上制作费每小时2500日元，最后还要加入材料费就是合计的金额了。以黑色的CIRCULATOR为例（后称"CIRCULATOR大"），制作时间为17小时，合计费用5万日元。白色的CIRCULATOR（后称"CIRCULATOR小"）的话，因为同时制作了2个，花费了6个小时，两个作品合计费用为2万日元。

该研究中心的粉末造型装置可以在周一、周三、周五这三天使用，只要没有其他预约，可以使用一整天。

技术研究中心西丘本部的设计小组主任研究员阿保友二郎说道："无法购买高额造型机的中小企业，都可以利用本中心的设备，在反复的试作后，得到高品质的设计。"

亲自进行修饰作业

虽然技术研究中心的价格很合理，但是不包含一般试作公司都能提供的修饰作业。光靠造型机的加工，作品的表面有时会出现凹凸不平的情况，所以需要最后的修饰处理。&design公司在"CIRCULATOR大"成型后自己进行了修饰作业，而"CIRCULATOR小"则保持了加工后的原样。&design公司的市村重德说道："给作品表面上油灰，用砂纸打磨，还有上漆的这些工作都是我们自己完成的。因为镂空的个数很多，修饰起来比较麻烦，但是充分达到了可以展示的程度。"

RP机的优点不仅在于成本低、速度快，更重要的是它还使设计师们的想法转眼间成为实物，帮助提高设计的质量，开发更多的可能性。

有了RP机，对于造物的想法就变得无限宽广。

【制作照片中的芳香扩散器般大小的配件时所需要的费用】

600~700日元/个

※大致尺寸为（高）30mm×（宽）35mm×（长）40mm。
此为一次性制作500个的单价。

由粉体烧结型的RP机制成的"aromamora"芳香扩散器。因为不需要任何模具，降低了初期的费用。

在前一节中介绍RP机时，只讲述了用它来制作简单的模型和设计验证用的样品这些用途。但其实RP机已经具备了产品开发的技术要求。只是比起其他量产加工技术，它的加工时间和成本花费相对较大。所以近年才开始把RP机作为生产完成品的机器来利用。

nendo的佐藤积极地活用这项技术进行产品开发，他用RP机来生产数百个程度的少量制品。他说："通常在产品开发阶段，模具费用等初期投资是必须要花费的，但RP机就可以省掉这部分。"

例如照片所示的"aromamora"芳香精油套装，瓶盖与扩散器一体的

nendo公司内设有纸层叠型RP机。镇纸的开发就是先利用它制作出试作品，然后直接用砂型模具取其形状进行后续制作。

设计就是用RP机来制作的。一次性可以制作大概300个，平均每一个产品的成本大约只有600～700日元。

提高设计的速度

用RP机来制作，乍一看可能会让人觉得花费很高，但佐藤说："如果是做成陶器或瓷器，光是砂型模具就要花费将近20万日元。"再加上制作的其他费用，想要把500个产品中平均到每一个的成本控制在600～700日元应该是很困难的。而且就算是用模具来制作，也无法实现这种南瓜形状中别入一根曲别针的细致复杂的造型。

所以RP机对于那些刚创业无法负担初期投资的企业来说非常便利，并且它还适用于实验性的少量生产的情况和开发数量限定的产品。

佐藤不仅用RP机来制作完成品，还在产品开发的中途阶段活用到了它。nendo公司内设有纸层叠形RP机，在开发小型产品的时候，就用它制作出模型来反复推敲尺寸和比例等细节。

nendo的新品牌系列"361°（ichido）"中的铝制镇纸在设计的时候，就利用到了上述的纸层叠型RP机。设计途中方案一旦确定下来，就立刻制作出模型，进行尺寸和比例的调整，最后直接取调整后的形状，进行加工和研磨，成为制品。

佐藤说RP机的重要性就在于"它让在公司内制作的成品能够直接作为产品送出去。"可以说对于快速型设计的制作，RP机成为不可或缺的技术。

什么是设计试作中不可缺少的
原尺寸模型？

METAPHYSDE胶带
座的原尺寸模型

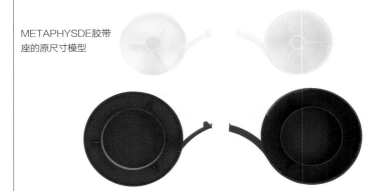

原尺寸模型就是所谓的设计试作品。在设计开发过程中存在各种各样的阶段。在开发初期，设计师大多会自己用纸粘成模型，或者用塑料泡沫削出模型，来调整产品大致的形状和大小。

之后，把确定好的方案在Auto CAD等软件中制成3D模型，用RP机（快速成型机）制出后确认形状（上方照片）。不过最近越来越多的设计师都跳过用纸或塑料泡沫做草模的步骤，而直接在Auto CAD软件中进行设计，再用RP机制出模型确认形状。

RP机种类很多，有用激光照射紫外线硬化性树脂，使之成型的光造型类，有通过烧结树脂粉末使之成型的粉末烧结类，还有把层叠的薄纸切出形状的纸层叠类等。从ABS、尼龙等树脂到各类金属，RP机可以加工各种各样的材料。

当设计基本确定后，为了给客户和其他员工进行展示说明，需要精度更高的原尺寸模型。这时就要对树脂或金属进行削形，或者利用简易的金属模具来成型。之后还要研磨表面，对其进行涂装或印刷。制成的模型从外表上看起来并不逊色于真正的制品。

接下来就来介绍一下制作这些原尺寸模型的工厂。有些工厂有着自己特别擅长的材料和加工方法，有些工厂可以包揽从试作模型到量产的整个工程，很多设计师都会根据工厂的特征来进行选择。

把设计方案变成实物的试作品制作公司

【试作品制作公司的相关疑问】 **Q1**：最擅长制作什么样的试作品？ **Q2**：自己的试作品有哪些特色？

Q3：可以进行制作的试作品种类有哪些？ **Q4**：大致价格如何？

KDDI iida "G9" ▶▶ apex
制作iida试作品的公司

● Apex
http://www.apex-tokyo.co.jp

iida "G9"在量产前用到的模型是由Apex公司制作的。这是KDDI指定的承办公司，它制作的原尺寸模型质量很高，经常直接用来展示。Apex公司有自己独有的滑盖结构技术，可以提供有力的设计提案，从品质的优良、价格、交货期限等方面综合考量来看，是很值得信赖的公司。

A1：擅长制作手机、数码相机、化妆品、汽车部件等精密产品的模型。
A2：特色是不仅仅是按照图纸制作，还会一起参与思考、体会顾客的想法。
A3：只要是产品的设计模型，任何材质与方案都承接。
A4：手机是70万日元起，数码相机是50万日元起，电视（40～50英寸）是120万日元起。

三洋电机 "eneloop lamp" ▶▶ ARRK
能使试作品实现机能运作的高完成度

● ARRK（总店）
http://www.arrk.co.jp

因为在开发讨论阶段和展示的时候都需要用到"eneloop lamp"的试作模型。所以选择了简易成型的加工方式。于是就找到了擅长用硅胶制作的ARRK公司。该公司不仅可以再现形状，还能完成照明功能所需的结构设计和电源设计。

A1：擅长制作家电、数码机器、OA机器、车载AV相关、娱乐器械、玩具、四轮或两轮车车轮，及各种交通工具的灯、外装和内装等。
A2：致力于制作有灵魂的作品，博得顾客满意的微笑。
A3：可以制作草模型、公司内展示用原尺寸模型、展示会用原尺寸模型、经营用精密型最终模型、各种可动模型，还有可嵌入灯光、音响、图像的实体模型等。包揽各业种制品的制作。
A4：——

把设计方案变成实物的试作品制作公司

从手机到木制家具等各种商品的试作品制作公司。

takram design engineering
"Phasma" ▶▶ 由纪精密工业
制作高难度机器人

● 由纪精密工业
http://www.yukiseimitsu.co.jp

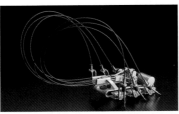

这是为2009年在东京21_21 DESIGN SIGHT所举办的'bones'展览会制作的作品，Phasma是以美国斯坦福大学BDML实验室开发的iSprawl机器人为基础制作而成的。
TAKASHI MOCHIZUKI

由于展会期间，机器人要不出任何故障地展示跑步动作，这就需要高精度的部件和结构，来承受高频度的高速回转运动和反复运动，考虑到这一点便委托了由纪精密工业来加工，因为它有着制作高品质、高精度制品的实绩。而制作的试作品在为期3个月的展会期间，一次故障都没出。

A1：擅长精度及难度高的切削加工部件。如宇宙开发、飞机实验等基于海外规格的试作品。
A2：特色是为了控制量产时的成本，会为设计者反馈加工工程中有哪些不可行的设计。
A3：可以加工所有的金属、特殊合金、贵金属和可以切削加工的树脂。只要是适用于切削加工的形状都能制作。加工部品的尺寸基准为1m以下。
A4：用手掌大小的铝片削形而成的试作品价格为1万日元起。交货期限为至少三天。桌上型实验装置全套，包含设计费在内需要至少30万日元。交货期限为至少1个月。

仓本仁 "Rock" ▶▶ 日南
高精度的丙烯酸树脂加工

● 日南
http://www.nichinan-group.com

TAKUMI OTA

这件在DESIGNTIDE TOKYO 2009中展出的丙烯酸树脂花器"Rock"，是委托了大型试作品工厂日南来制作的。日南擅长加工丙烯酸树脂，涉及硅酮方型制作并设有染色设备。经常承接高精度制品的制作，可以协商加工方法也是日南吸引顾客的特色之处。

A1：擅长加工树脂和金属材质的设计模型及技术模型。小到手机、相机，大到电视、1：1展示用汽车，都可进行加工。
A2：特色是不论制作时间长短，保证可以在规定的时间内制作出高品质的模型。
A3：因为日南设有设计、电器相关的部门，所以还可以制作可动模型和发光模型。
A4：根据材料、制作程序不同，加工费为20万~100万日元不等。

先端材料·环保材料篇

角田阳太"Loft Furniture"

▶▶渡边木工挽物所

用于木制家具的特殊技术

● 渡边木工挽物所
http://w-hikimono.jp

KAZUNOBU YAMADA

在DESIGNTIDE TOKYO 2009展出的木制家具就是由渡边木工挽物所来加工的。之所以拜托这家公司，是因为制作中需要特殊的车床技术。并且还想要预先制作1∶1的模型，确认尺寸后再进行真正的制作。渡边木工挽物所都可以满足这些要求，并且价格低廉，沟通自由。

A1：擅长制作陈列用品、家具（需要车工工艺的部件）、健康用品、任何需要车床加工的形状。

A2：特点是保证尺寸的精准。为了完成量产会边考虑加工顺序边制作，所以再忙的时期也一定满足客户希望的交货期限。

A3：只要是车床加工的部件都能完成。另外还可以制作人形立帽架。

A4：试作的话根据所需时间的长短收费不同。比如制作一件需要一天时间就能完成的试作品需要3万～5万日元（包含大致的材料费）。

山本侑树"spica" ▶▶T.A Creation

可以制作所有配件

● T.A Creation
http://www.e-shisaku.co.jp

在DESIGNTIDE TOKYO 2009中初次参展的山本侑树带来的作品是播放器"spica"。委托的加工公司则是可以进行树脂切削等各种配件加工的T.A Creation。另外，由于这次加工的数量很多，想要控制花费，在比较数家公司后最终选择了T.A Creation。

A1：主要擅长机能部件的制作，也涉及设计模型等多种作品。从微小型部件到大型电视框架等都可制作。

A2：重视与客户的商讨，严格控制品质，遵守交货期限。我们的标语是，从试作到量产都能为您提供流畅的服务。

A3：可以制作塑料、铝、人工木材等材料的切削加工品。如OA机能部品、车载用部品、一般杂货用品、游戏用品。

A4：以数码相机的模型为例，价格为3万～6万日元（根据材料和造型不同价格会有变动）。

先端材料 环保材料篇

其他试作品制作公司

【疑问】

❶ 贵公司拥有何种制作技术？

❷ 贵公司可以进行形状加工后的研磨、组装、涂装等表面处理，以及印刷等二次加工吗？

❸ 贵公司可以制作的模型最大能有多大？

❹ 如果用树脂制作一台翻盖手机，制作时间为多长？（包括制作完整的Auto CAD模型数据，和组装、涂装、印刷等可能的2次加工）

❺ 上述条件下，费用为多少？

❻ 贵公司接受什么类型的数据？

❼ 贵公司能够承接后续的模具制作和量产吗？

❽ 其他

PLAMOS（polyplastic/daipla.system,technology）

http://www.plamos.com/

❶ RP，金属削形

❷ 激光焊声、激光打印，超声波焊接，振动焊接。其他的加工会拜托合作的公司

❸ 最大能制作手机、数码相机等大小可以被手握住的模型。

❹ 约20天

❺ 约40万日元

❻ 2D图、3D CG软件数据，3D Auto CAD数据（DXF、IGES、I-DEAS、Pro/ENGINEER、CATIA）

❼ 试作品和量产任务都能承接

❽ 可以参考耐用树脂配件的设计

world-mock

http://www.world-mock.co.jp/

❶ RP，树脂削形，真空浇铸成型，角色模型制作，各种3D Auto CAD制作

❷ 涂装等表面处理，丝印等表面印刷

❸ 电饭煲、电脑等适合放在桌上的尺寸

❹ 约1周

❺ 约30万日元

❻ 根据设计师不同，可以承接3维草图、2D图、3D软件数据、3D Auto CAD数据（IGES、STEP、STL、DXF、Parasol-id、Pro/ENGINEER、CATIA v5、Rhinoceros 3.0），还有由草图和3D扫描制成的Auto CAD数据。

❼ 仅限制作试作品。不过可以介绍模具制作和成型制作的工厂。

❽ 可以制作基于设计模型的机械试作品、角色模型制作、3D数据建模。擅长进行小而薄的树脂切削加工。

若林工业

http://www.occn.zaq.ne.jp/waka_co

❶ RP、树脂削形、金属削形、真空浇铸成型等方式的形状复制
❷ 研磨、涂装等表面处理，和丝印等表面印刷，还可以进行金属镀膜
❸ 完成品的话，可以制作电饭煲、电脑、灯、桌上家电。还可以制作大型电视、大型家电、汽车等部分部件
❹ 用RP机成型的话约需2天，再加上研磨、涂装、丝印（有底稿）则需要4~5天
❺ 如果用RP机来制作折叠手机的里壳和外壳（包裹内部结构），大致需要5万~6万日元。涂装等费用根据颜色种类和丝印的部位而定
❻ 2D图、三视图、3D Auto CAD数据（Parasolid x_t、STEP、IGES、SAT、STL、MGX等）

德田工业

http://www.tokuda.co.jp

❶ RP、树脂削形、金属削形、FRP、铸造、真空成型、木工
❷ 可进行组装加工、研磨、涂装等表面处理，和丝印等表面印刷，还能进行线、管、动力驱动、感应器等安装工作
❸ 最大制作过飞机实物大小的模型（全长40m）
❹ 还未制作过翻盖手机，无法回答
❺ 还未制作过翻盖手机，无法回答
❻ 能够接受三视图、2D图、3D CG软件数据、3D Auto CAD数据（IGES、STL、STEP、CATIA、Unigraphics、Pro/ENGINEER、IDEAS、点云数据）
❼ 因为本公司是专门从事模具和夹具的设计制作，所以无论量产或试作都能承接
❽ 本公司创业时以制作铸造用木制模具为起点，后又参与制作飞机、汽车等成型用模型，所以从木材到难于制作的（金属）材料都能进行加工

湘南Design

http://www.shonan-d.co.jp/

❶ 可以进行RP、树脂削形、金属削形、真空浇注成型等复制工作，还能进行石膏铸造、金属模具制作、成型加工等
❷ 组装加工、研磨、涂装等表面处理，和丝印等表面印刷，还有金属镀层、溅射镀膜
❸ 1：1大小的展示车
❹ 约5天
❺ 根据条件不同价格不同
❻ 三视图、2D图、3D CG数据、3D Auto CAD数据（CATIA V4、CATIA V5、Unigraphics、I-DEAS、Pro/ENGINEER、Parasolid），油泥模型，其他材料实物模型
❼ 试作品、模具、完成品的制作
❽ 从制作油泥模型，扫描出3D数据的建模工作到各种试作品的加工，负责全程制作

其他试作品制作公司

MIZUHO 合成工业所

http://www.mizuho-go.co.jp/

❶ RP、树脂削形
❷ 组装加工、涂装等表面处理
❸ 电饭煲、电脑等桌上家电的尺寸
❹ 在已预约且不用涂装的情况下需要4~6天
（最短3天）。如果涂装的话则再加2~3天
❺ 15万~40万日元
❻ 2D图、3D CG数据、3D Auto CAD数据
（ IGES、STL、Unigraphics、CATIA、

Pro/ENGINEER)
❼ 本公司原为塑料制品量产厂，所以能够对
应各种要求
❽ 除一般的注射成型外，还可以进行2液硬
化树脂、FRP成形等加工。只要是塑料相
关的加工，从试作品的制作到量产都可以
承接。

水岛制作所

http://www.msm.co.jp/pc/

❶ 树脂削形、金属削形、真空浇铸成型等方式
的形状复制
❷ 组装加工，研磨、涂装等表面处理，还可进
行丝印等表面印刷
❸ 大型电视、冰箱等大尺寸家电

❹ 约14天
❺ 约85万日元
❻ 2D图、3D CG数据、3D Auto CAD数据
（ IGES、Parasolid ）

注：对于使用此资料产生的商业事故及损失，本书不承
担一切责任。

著作权合同登记图字：01-2017-0283号

图书在版编目（CIP）数据

材料与设计／日本日经设计编；徐凌霰，徐玉珊译．—北京：中国建筑工业出版社，2017.3

（设计的教科书）

ISBN 978-7-112-20318-5

Ⅰ．①材… Ⅱ．①日… ②徐… ③徐… Ⅲ．①工业产品—材料—设计 Ⅳ．①TB3

中国版本图书馆CIP数据核字（2017）第012633号

SOZAI TO DESIGN NO KYOKASHO DAI 2 HAN written by Nikkei Design
Copyright © 2012 by Nikkei Business Publications, Inc. All rights reserved.
Originally published in Japan by Nikkei Business Publications, Inc.
Simplified Chinese translation rights arranged with Nikkei Business Publications,
Inc. through KODANSHA BEIJING CULTURE LTD., Beijing, China.

本书由日经BP社授权我社独家翻译、出版、发行。

责任编辑：吴　佳　刘文昕
责任校对：李欣慰　张　颖

材料与设计

[日] Nikkei Design　编

徐凌霰　徐玉珊　译

*

中国建筑工业出版社出版、发行（北京海淀三里河路9号）

各地新华书店、建筑书店经销

北京锋尚制版有限公司制版

北京顺诚彩色印刷有限公司印刷

*

开本：880×1230毫米　1/32　印张：8¾　字数：241千字
2017年3月第一版　2017年3月第一次印刷
定价：59.00元
ISBN 978 - 7 - 112 -20318 - 5
（26129）